Feldhaus/Sieverding
Putenmast

Ludger Feldhaus und Dr. Erwin Sieverding

Putenmast

3., vollständig neu bearbeitete und erweiterte Auflage

39 Farbfotos
31 Schwarzweissfotos und Zeichnungen
13 Tabellen

Dipl.-Ing.agr. Ludger Feldhaus hat sich nach dem Abschluss seines Studiums auf die Bereiche Tierernährung und Tierproduktion in der Mischfutterindustrie spezialisiert, vor allem in der Geflügel- und Schweineproduktion. Ein besonderer Schwerpunkt seiner Arbeit liegt in der produktionstechnischen Beratung von Putenmastbetrieben.

Dr. Erwin Sieverding studierte Veterinärmedizin an der Tierärztlichen Hochschule Hannover und promovierte 1988 im dortigen Institut für Mikrobiologie. Nach seiner Assistenzarztzeit in einer tierärztlichen Gemeinschaftspraxis war er beim Schweinegesundheitsdienst in Baden-Württemberg tätig. Heute ist er Partner in einer tierärztlichen Gemeinschaftspraxis in Lohne und Fachtierarzt für Schweine und Geflügel.

In diesem Buch sind die Namen von Medikamenten, die zugleich eingetragene Warenzeichen sind, als solche nicht besonders kenntlich gemacht. Es kann also aus der Bezeichnung der Ware mit dem für diese eingetragenen Warenzeichen nicht geschlossen werden, dass die Bezeichnung ein freier Warenname ist.

Die Markennamen wurden nur beispielhaft aufgeführt. Hinsichtlich der in diesem Buch angegebenen Dosierungen von Medikamenten usw. wurde die größtmögliche Sorgfalt beachtet. Gleichwohl werden die Leser aufgefordert, die entsprechenden Beipackzettel der Hersteller zur Kontrolle heranzuziehen.

Die beispielhafte Auflistung von Medikamenten bzw. Wirkstoffen ist kein Beweis dafür, dass diese in Deutschland zugelassen sind. Der behandelnde Tierarzt ist aufgefordert, die jeweilige (Zulassungs-)Situation zu überprüfen.

Die in diesem Buch enthaltenen Empfehlungen und Angaben sind vom Autor mit größter Sorgfalt zusammengestellt und geprüft worden. Eine Garantie für die Richtigkeit der Angaben kann aber nicht gegeben werden. Der Autor und der Verlag übernehmen keinerlei Haftung für Schäden und Unfälle.

Bibliografische Information der Deutschen Nationalbibliothek
Die Deutsche Nationalbibliothek verzeichnet diese Publikation in der Deutschen Nationalbibliografie; detaillierte bibliografische Daten sind im Internet über http://dnb.d-nb.de abrufbar.

Das Werk einschließlich aller seiner Teile ist urheberrechtlich geschützt.
Jede Verwertung außerhalb der engen Grenzen des Urheberrechtsgesetzes ist ohne Zustimmung des Verlages unzulässig und strafbar. Das gilt insbesondere für Vervielfältigungen, Übersetzungen, Mikroverfilmungen und die Einspeicherung und Verarbeitung in elektronischen Systemen.

© 2007 Eugen Ulmer KG
Wollgrasweg 41, 70599 Stuttgart (Hohenheim)
E-Mail: info@ulmer.de
Internet: www.ulmer.de
Umschlaggestaltung: Atelier Reichert, Stuttgart
Lektorat: Werner Baumeister
Herstellung: Thomas Eisele
Satz und Reproduktion: Typomedia GmbH, Ostfildern
Druck und Bindung: Friedr. Pustet, Regensburg
Printed in Germany

ISBN 978-3-8001-5442-5

Inhaltsverzeichnis

Vorwort.................... 7

1	**Grundlagen für die Planung**...............	8
1.1	Voraussetzungen........	8
1.2	Einzellieferverträge, Erzeugergemeinschaften..	8
1.3	Wahl der Mastart........	11
1.4	Integrationsmast........	12
1.5	Bruteier und Küken......	12

2	**Die Aufzuchtphase**......	14
2.1	Stallvorbereitungen......	14
2.2	Einstellung und Umstallung.............	17
2.3	Besatzdichte	20
2.4	Einstreu und Geräte......	21
2.5	Klimabedingungen.......	23
2.6	Warmaufzucht..........	24

3	**Die Mastphase**	26
3.1	Haltungsbedingungen....	26
3.2	Außenklimastall.........	26
3.3	Klimabedingungen.......	30
3.4	Mastleistung............	31
3.4.1	Einfluss der Züchtung	32
3.4.2	Einfluss der Tiergesundheit	32

4	**Futter und Fütterung**....	34
4.1	Intensiv oder extensiv mästen?...............	35
4.2	Fütterung der Hähne.....	36
4.3	Fütterung der Hennen....	37

5	**Vorbeugende Hygienemaßnahmen**	38
5.1	Reinigung und Desinfektion	38
5.1.1	Stall und Geräte.........	38
5.1.2	Das Trinkwasserleitungssystem	40

6	**Immunprophylaktische und therapeutische Möglichkeiten**..........	41
6.1	Immunprophylaxe.......	41
6.2	Impfprogramme.........	42
6.3	Diagnostik	42
6.4	Therapie...............	44
6.5	Futterbehandlungen	44
6.6	Trinkwasserbehandlung ..	44

7	**Die wichtigsten Putenkrankheiten**	46
7.1	Virusinfektionen	46
7.1.1	Aviäre Influenza (AI).....	46
7.1.2	Newcastle-Krankheit (ND)..................	47
7.1.3	Rhinotracheitis (TRT)	48
7.1.4	Aviäre Enzephalomyelitis (AE)	49
7.1.5	Hämorrhagische Enteritis (HE)	50
7.1.6	Coronavirus-Enteritis.....	50
7.1.7	Lymphoproliferative Krankheit (LPD).........	51
7.2	Bakterieninfektionen.....	51
7.2.1	Ornithobacterium-rhinotracheale-Infektion (ORT).................	52
7.2.2	Nekrotisierende Enteritis (NE)	52
7.2.3	Chlamydieninfektion (Ornithose)	53
7.2.4	Coli-Infektion...........	54
7.2.5	Pasteurellose	55
7.2.6	Gallibacterium assozierte Erkrankungen	56
7.2.7	Mykoplasmose (MG, MM, MS, MI)	56
7.2.8	Mycoplasma-gallisepticum-Infektion (MG)...........	56

7.2.9	Mycoplasma-synoviae-Infektion (MS)	57	**8**	**Gesetzliche Anforderungen und Auflagen** 76
7.2.10	Mycoplsma-meleagridis-Infektion (MM))	57	8.1	Tierseuchengesetz (TierSG) 76
7.2.11	Mycoplasma-iowae-Infektion (MI)	58	8.2	Impfpflicht 77
7.2.12	Salmonellose	58	8.3	Tierkörperbeseitigung 77
7.2.13	Campylobakter-Infektion .	59	8.4	Bundes-Immissionsschutzgesetz (BimSchG) .. 77
7.2.14	Pseudomonaden-Infektion	60	8.5	Lebensmittelhygienepaket (VO 852-854/2004) 78
7.2.15	Rotlauf-Infektion	61		
7.2.16	Staphylokokken-Infektion .	61	8.6	Tierschutzgesetz (TierSchG) 78
7.2.17	Streptokokken-Infektion ..	62		
7.2.18	Riemerella anatipestifer-Infektion.	63	**9**	**Einfangen und Verladen** . 80
7.3	Pilzinfektionen..........	64		
7.3.1	Aspergillose	64	**10**	**Schlachten** 82
7.3.2	Mykotoxikose	65		
7.4	Protozoeninfektionen.....	65	**11**	**Vermarktung** 85
7.4.1	Kokzidiose	66		
7.4.2	Schwarzkopferkrankung ..	68	**12**	**Kostenanalyse** 86
7.5	Endo- bzw. Ektoparaseninfektionen.............	69	**13**	**Alternative Putenhaltung** 88
7.5.1	Magen-Darm-Wurminfektion...............	69	13.1	Wahl der Rasse 88
			13.2	Haltung 89
7.5.2	Insekten, Schädlinge	70	13.3	Fütterung.............. 90
7.6	Andere Erkrankungen	70	13.4	Tiergesundheit.......... 90
7.6.1	Dysbiose (unspezifischer Durchfall)...............	71	13.5	Vermarktung 92
			13.6	Resümee............... 92
7.6.2	Knochenweiche	71		
7.6.3	Aortenruptur	72	**14**	**Schlussbetrachtung Erfolgreiche Putenmast**.. 93
7.6.4	Spontane Myopathie (Kugelherz)	73		
7.6.5	Kannibalismus/Picken....	73		
7.6.6	Spreizer	73		
7.6.7	Oberschenkelbruch	74	Bildquellen 94
7.6.8	Intoxikation	74	Register..................... 95

Vorwort

Die Putenfleischerzeugung unterliegt einem raschen Wandel, um den stetig steigenden Ansprüchen besonders von Seiten des Verbrauchers, des Tierschutzes und des aktuellen Marktes gerecht zu werden. Im Vordergrund stehen hierbei die berechtigten Forderungen nach einer hohen Qualität und absoluter Unbedenklichkeit des Lebensmittels Putenfleisch sowie nach einer tiergerechten Haltung und einer ökologischen, aber auch ökonomisch verträglichen Produktion.

Der Erfolg in der landwirtschaftlichen Veredlungswirtschaft hängt vor dem Hintergrund dieser Prämissen nicht zuletzt von einem guten und stabilen Gesundheitsstatus der Tierbestände ab. Die dazu notwendigen Vorgaben werden von Dipl. Agr. Ing. Ludger Feldhaus erläutert. Von ihm werden alle Produktionsschritte von der Putenaufzucht bis zur Schlachtung und Verarbeitung inklusive der Bedeutung der vertikalen Integration veranschaulicht. Die Bereiche Hygiene, Gesundheit und Rechtsbestimmungen werden von Dr. Erwin Sieverding, Fachtierarzt für Geflügel, ausführlich beschrieben.

Dieses Buch vermittelt einen umfassenden Kenntnisstand über alle relevanten Sektoren der Putenfleischerzeugung, die insbesondere die Haltung, die Fütterung, die Umweltbedingungen, die rechtlichen Regelungen, die Tiergesundheit und die Vermarktung betreffen.

In der dritten grundlegend überarbeiteten Auflage werden sowohl die neuesten Veränderungen in der Haltung, wie z. B. der Puten-Wintergarten oder die ringlose Warmaufzucht, als auch die Folgen des Verzichts auf Leistungsförderer für die Gesundheit der Tiere erfasst. Weiterhin wird die Bedeutung der Ökoproduktion in der Putenhaltung und Lebensmittelgewinnung beleuchtet.

Die Autoren bedanken sich bei allen Personen, die sie bei der Erstellung des Buches bereitwillig und hilfreich unterstützt haben.

Ludger Feldhaus, Erwin Sieverding
im Herbst 2006

1 Grundlagen für die Planung

1.1 Voraussetzungen

Die Putenmast ist fast ausschließlich eine Frischgeflügelmast. Der Absatz der gemästeten Tiere muss daher vor Beginn der Produktion gesichert sein, d. h. mit der Einlage der Bruteier in der Brüterei (Einstallplanung) wird auch die Schlachtwoche festgelegt. So ist auch die Menge an Fleisch in einer Schlachtwoche ungefähr abzusehen und kann vorher verkauft werden.

Die Mast findet getrenntgeschlechtlich statt, da Hahn und Henne zum einen in der Gewichtsentwicklung ab der 8. Woche stark auseinander wachsen, zum anderen aber auch unterschiedliche Anforderungen an die Stalleinrichtung und das Klima stellen. Soweit Altgebäude zur Mast mitgenutzt werden sollen, sollte hier in erster Linie Aufzucht und Hennenmast betrieben werden. Ein Optimum an Leistung beim Hahn in Bezug auf Gewicht, Futterverwertung und Fleischqualität kann fast ausschließlich im Offenstall erreicht werden. Für diesen Zweck können Altgebäude kaum genutzt werden. Hier ist also fast immer ein Umbau oder kompletter Neubau notwendig.

1.2 Einzellieferverträge, Erzeugergemeinschaften

Der erste Schritt zur Putenmast ist eine ausführliche Beratung, die von der Brüterei, der angeschlossenen Erzeugergemeinschaft, von den Fachleuten eines Futtermittelherstellers, vom Vermarkter

Rohbau eines Putenstalls. Farm mit 18000 Aufzuchtplätzen.

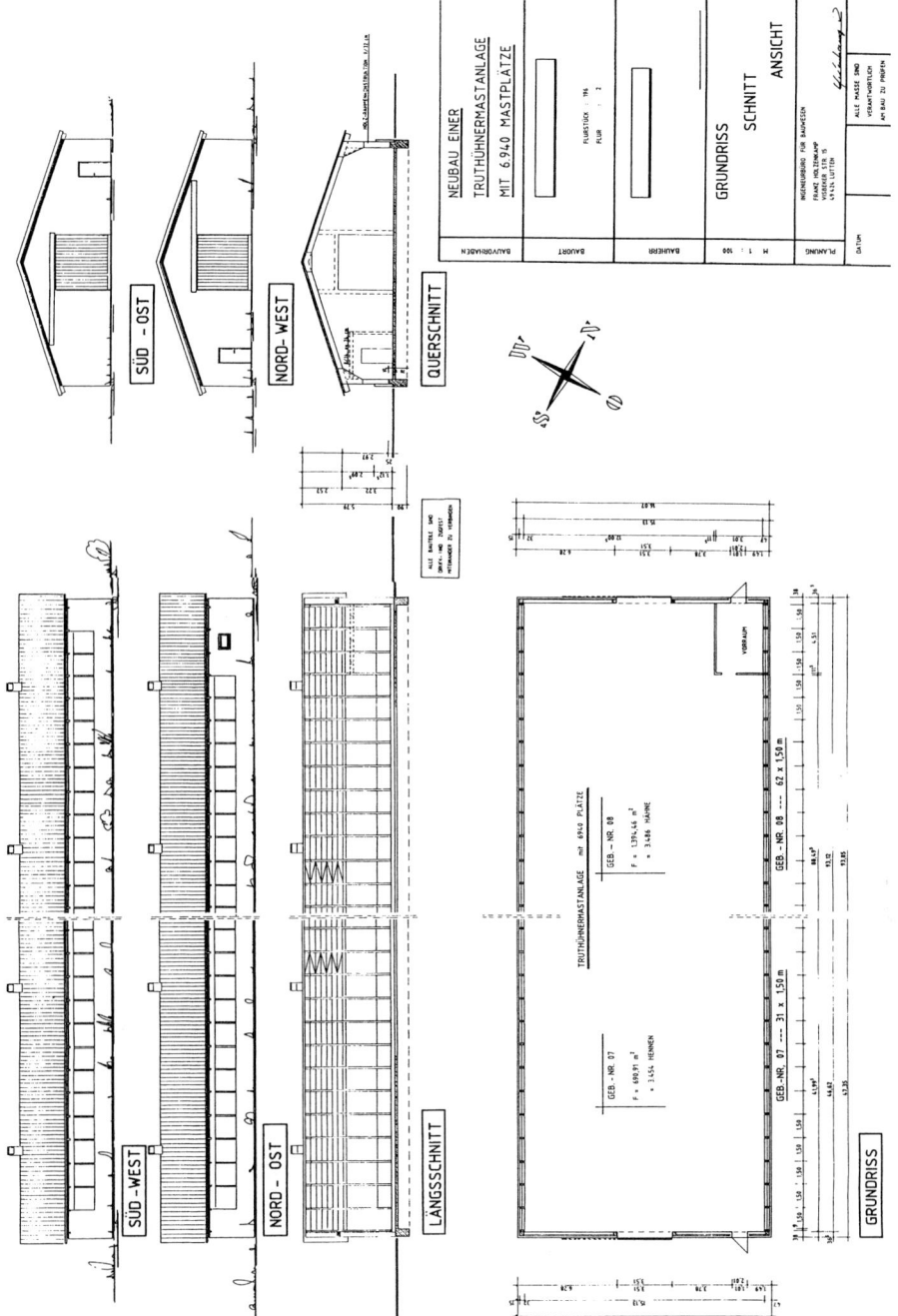

Abb. 1. Neubaupläne einer Putenmastanlage.

EINZELLIEFERUNGSVERTRAG

Zwischen

Herrn / Frau _____
– im folgenden Mäster genannt –

Und der Firma _____
– im folgenden Schlachterei genannt –

wird folgender Vertrag über die Lieferung von
3500 Hennen, Schlupf 21.12.05, Schlachtung in der 15. KW 06
3500 Hähne, Schlupf 21.12.05, Schlachtung in der 21. KW 06
der Züchtung Big 6 geschlossen.

In der Regel gilt folgendes Schlachtalter: Putenhennen sind in der Woche abzunehmen, in der sie 16 Wochen alt werden und Putenhähne in der Woche, in der sie 21 Wochen alt werden. Letztlich hat jedoch das in diesem Vertrag eingeplante Alter Gültigkeit. In Ausnahmefällen, die durch die Vertragspartner festzustellen sind, hat die Schlachterei das Recht, das Schlachtalter um eine Woche vor- oder zurückzuverlegen.
Die Schlachterei unterrichtet spätestens am 10. Tag vor dem Schlachttermin den Mäster über den genauen Schlachttag. Dabei ist die zur Ablieferung kommende Menge zu erfragen bzw. verbindlich mitzuteilen. Vor dem Verladen ist vom Amtsveterinär eine sogenannte Lebendbeschau der Tiere im Stall auf Schlachttauglichkeit bzw. Genusstauglichkeit durchzuführen.
Der Mäster ist verpflichtet, die Tiere pünktlich und fachgerecht einzufangen und zu verladen. Dabei ist den Weisungen der Beauftragten der Spedition (Fahrer) zu folgen, die aufgrund ihrer Vorschriften für einen sachgemässen Transport Sorge tragen müssen. Kosten für Verzögerungen, die die Spedition verursacht hat, gehen zu Lasten der Schlachterei, sofern diese den Mäster von der Verzögerung nicht rechtzeitig in Kenntnis gesetzt hat.
Auf normalem Transport verendete Tiere werden zu Lasten des Mästers zurückverwogen.
Die Transportkosten und Risiken gehen zu Lasten der Schlachterei.
Hinsichtlich Mängelrügen und Eigentumsvorbehalt verweisen wir auf die §§9 und 10 des Rahmenvertrags zwischen der Schlachterei und der Brüterei.
Unterschiede zwischen eingestallten und auszustallenden Tierzahlen von mehr als 10% sind der Schlachterei nach Eintritt des Verlustes (d.h. so schnell wie möglich) anzuzeigen. Wenn eine Lieferung wegen Ausbruches einer Seuche oder einer sonstigen Krankheit nicht erfolgen kann, entfällt eine Schadenersatzpflicht des Mästers, sofern die Krankheit oder Seuche unverzüglich gemeldet und vom Tierarzt bestätigt wird.
Ein freihändiger Verkauf der Vertragstiere ist nur mit Zustimmung der Schlachterei statthaft.
Bei mehr abgelieferten Tieren als für die Schlachterei eingestallt wurden, können dem Mäster 0,25 €/ kg entsprechend der überhängigen Menge und des überhängigen Gewichtes an der Rechnung gekürzt werden.
Das gleiche gilt auch bei der Anlieferung von Mindermengen. Sollte der Mäster weniger als 90% der für die Schlachterei eingestallten Tiere abliefern und nicht die Meldepflicht lt. § 7 Abs. 1 des Rahmenvertrages eingehalten haben, ist die Schlachterei berechtigt, für die entsprechende Menge eine Belastung von 0,25 € / kg zu berechnen. Für die Belastung gilt jeweils das Durchschnittsgewicht der abgelieferten Herde multipliziert mit der entsprechenden Stückzahl.
Die Schlachterei hat das Recht, Küken- und Futterlieferanten zu benennen.
Die Abnahme erfolgt lebend ab Hof des Mästers. Die Verwiegung der lebenden Tiere erfolgt auf der dem Mäster nächsten öffentlichen Waage, abzüglich 1% Vorwaageverlust.
Der Auszahlungspreis ist immer der zwischen Vorstand der Erzeugergemeinschaft (EZG) und der Schlachterei vereinbarte Preis laut Preisstaffel.
Die Bezahlung der Schlachtputen erfolgt nach einem vorher festgelegten Zahlungsziel.
Im übrigen gilt der Rahmenvertrag mit der EZG.

Ort und Datum: _____

_____   _____
(Mäster)   (Schlachterei)

oder von einem Tierarzt durchgeführt werden kann.

Der zweite Schritt ist die Mitgliedschaft in einer Erzeugergemeinschaft, die in der Regel bereits Rahmenverträge mit einer Brüterei und dem Vermarkter hat. Hier wird auch der Bezug der Küken geregelt. Die Hauptzuchtarbeit wird heute von großen Züchtereien in England, den USA und Kanada durchgeführt. Von dort beziehen auch die großen Brütereien in Deutschland ihre Eier. Mit diesen Brütereien wird nun ein Liefervertrag abgeschlossen, der die Anzahl der benötigten Küken und den Lieferzeitpunkt festgelegt. Die Brüterei liefert die geschlüpften Küken dann zum festgesetzten Zeitpunkt.

Am praktikabelsten bei der Einstallung hat sich der 18-Wochen-Einstallrhythmus bewährt, d. h. die Putenhenne wird nach der gemeinsamen fünf- bis sechswöchigen Aufzucht getrennt vom Hahn 16 Wochen gemästet, der Hahn dagegen 21 Wochen. Für den Mäster bleiben jeweils zwei Wochen Zeit, den Aufzuchtstall bzw. den Hähnemaststall zu reinigen und für die Neueinstellung herzurichten. Hier wird auch dem Wunsch der Veterinäre weitestgehend entsprochen, dass nach dem Prinzip „all in, all out" möglichst nur eine Altersstufe auf dem Hof gehalten wird. Nach Absprache sind aber auch andere Einstallrhythmen möglich.

Saisonal kann es vorkommen, dass der Markt so genannte Kurzmast- oder Babyputen verlangt. Diese Mast erstreckt sich über eine Zeit von neun bis zwölf Wochen, abhängig von den am Markt verlangten Gewichten. Die Organisationsform bei der Babyputenmast ist dieselbe wie bei der Integrationsmast, die Babyputen werden lediglich früher geschlachtet. Durch den steigenden Anteil der Vermarktung von Putenteilen ist die Kurzmast kaum mehr lohnend und wird daher vom Vermarkter nur noch selten (z. B. zu Weihnachten) gewünscht.

Am Beispiel eines Liefervertrages zwischen Mäster und Schlachterei bzw. Vermarkter, wie er so oder ähnlich allgemein üblich ist, kann ersehen werden, welche Kriterien angesprochen und geregelt werden:

1.3 Wahl der Mastart

Puten lassen sich nach der fünf- bis sechswöchigen Aufzuchtphase auf vielfältige Weise halten und mästen. Entscheidend ist hierbei, wie intensiv und in welchem Umfang die Putenmast betrieben werden soll. Neben den großen Putenmastbetrieben gibt es auch immer mehr Hobbyhalter, die in begrenzter Stückzahl vorgezogene Küken kaufen, diese während der Vegetationsperiode auf Restgrünlandflächen halten und durchaus mit Erfolg mästen. Der Absatz der Tiere sollte aber stets schon vor dem Schlachten geregelt sein, denn selbst kleinere Mengen Putenfleisch können nicht von heute auf morgen abgesetzt werden. Ob die Putenmast nun extensiv oder intensiv betrieben wird, die Vorgehensweise und die Besonderheiten während der Aufzucht und Mast sind für beide Verfahren gleich wichtig.

In diesem Buch sind fast alle Angaben auf die intensive Putenhaltung und Mast zugeschnitten, die aber gleichzeitig auch dem Hobbyhalter Anregungen und Hilfestellung geben können.

1.4 Integrationsmast

Die so genannte Integrationsmast ist ursprünglich aus einem Qualitätssicherungsgedanken heraus entstanden. Diese Organisationsform der Mast ist in Übersee bereits die Norm und in Deutschland eindeutig auf dem Vormarsch. Im Vordergrund steht der Wunsch der Einkäufer von Verbrauchermärkten, sich auf eine absolut kontrollierte, einwandfreie Qualität verlassen zu können.

Diese kontrollierte Qualität ist aber nur dann garantiert lieferbar, wenn die gesamte Produktion zentral gesteuert, kontrolliert und überwacht wird.

Angefangen bei der Einlage der Bruteier muss man über Herkunft der Eier und Gesundheitsstatus der Elterntiere Rückschlüsse ziehen können. Nur so kann sofort beim Einstellen der Küken auf Unregelmäßigkeiten reagiert werden. Das Futter muss aus kontrollierten Rohstoffen hergestellt sein; so kann eine Kontamination der Tiere mit Pilzen und Keimen am ehesten verhindert werden. Wird ein Betreuungstierarzt für die gesundheitliche Überwachung der Tiere verpflichtet, kann davon ausgegangen werden, dass eine optimale Tiergesundheit gewährleistet ist. Durch regelmäßige Laboruntersuchungen und Rückstandskontrollen kann der Tierarzt eine kontrollierte Qualitätsfleischerzeugung garantieren. Durch Rückmeldungen von den während der Mast mit der Überwachung einer Produktion befassten Personen lassen sich unvorhergesehene Probleme weitestgehend ausmerzen.

Zu einer erfolgreichen Integrationsmast gehört auch, dass alle an der Produktion beteiligten Personen ihrem Einsatz und Risiko entsprechend entlohnt werden. Richtig betrieben ist die Integrationsmast die Mastform der Zukunft.

1.5 Bruteier und Küken

Wie bereits erwähnt, werden die Putenbruteier in Elterntierfarmen produziert. Die Elternhennen werden dort in Jalousieställen gehalten und einmal wöchentlich instrumentell besamt. Das Sperma wird frisch von Hähnen gewonnen, die zumeist auf der gleichen Farm, aber von den Hennen getrennt, in kleinen Gruppen gehalten werden. In der 24-wöchigen Legeperiode werden pro Henne je nach Zuchtlinie durchschnittlich 90 bis 110 Eier gelegt, aus denen 70 bis 90 Küken nach 28-tägiger Bebrütung schlüpfen. Für die spätere Kükenqualität und -vitalität sind der Gesundheitszustand der Elterniere und die Hygiene der Bruteierproduktion von entscheidender Bedeutung. Von Krankheitserregern, die von der Henne über das Ei auf die Küken übertragen werden können, wie z. B. Mykoplasmen, müssen die Elterntiere unbedingt frei sein, um spätere Erkrankungen im Mastverlauf der Küken zu vermeiden. Besonders wichtig für den Brut- und Masterfolg ist auch die saubere Gewinnung der Bruteier. Saubere Bruteier können ungewaschen und chemisch unbehandelt bebrütet werden; aus ihnen werden stets hochvitale Küken schlüpfen. Verschmutzte Eier sorgen dagegen im Brutverlauf für Keimübertragungen auf andere Eier in den Brutapparaten und lösen Infektionen der Küken im Brut- und Schlupfprozess aus.

Die Bruteier werden in spezialisierten Brütereien 28 Tage lang bebrütet. In modernen Großbrutmaschinen finden ca. 20 000 Eier Platz. Die ersten 24 Tage werden als Vorbrut bezeichnet und erfolgen in Geräten, die eine regelmäßige Wendung der Eier ermöglichen. Nach etwa 10 bis 14 Tagen im Vorbrüter werden alle Eier geschiert (durchleuchtet), um unbefruchtete Eier und solche mit abgestorbenen Embryonen aussortieren zu können. Nach der Vorbrut werden die Eier für vier Tage in den Schlupfbrüter verbracht, der optimale Voraussetzungen für den Schlupf der Küken bietet.

Putenküken sind Nestflüchter; sie besitzen schon beim Schlupf ein vollständiges Daunengefieder und sind weitgehend selbstständig. Sofort nach dem Schlupf werden die Küken nach Geschlechtern sortiert. Diese Sortierung erfolgt durch Begutachtung des so genannten Kloakenhöckers und wird zumeist von besonders geschultem asiatischem Personal vorgenommen.

Danach erfolgt eine Qualitätssortierung der Küken nach Größe und Vitalität, auf Wunsch die Behandlung der Oberschnabelspitze zur Vermeidung späterer gegenseitiger Verletzungen und die Verpackung in Transportbehältnisse. Weitere Behandlungen, wie etwa Injektionen mit Vitaminen oder Elektrolytlösungen, sind bei qualitativ hochwertigen Küken nicht notwendig. Impfungen gegen virale Erkrankungen, z. B. TRT, sind empfehlenswert. Die frisch geschlüpften Küken sollten möglichst noch am Schlupftag in den Aufzuchtstall gebracht werden, um ihnen einen optimalen Start zu ermöglichen. Es empfiehlt sich, die Küken nachdem sie trocken sind so schnell wie möglich in den Stall zu verbringen. Um so geringer ist dann der Durst- und Hungerstress für die zuerst geschlüpften Tiere.

Blick in die Brutmaschine mit automatischer Wendetechnik.

2 Die Aufzuchtphase (bis zur 6. Woche)

Die Putenhaltung lässt sich in zwei Abschnitte einteilen, die Aufzucht und die Mast.

Da die ersten fünf bis sechs Wochen entscheidend für die spätere Entwicklung zum Masttier sind, sollte die Aufzucht auf dem für die Küken höchstmöglichen Standard durchgeführt werden. Der Aufzuchtstall sollte gut isoliert, ventiliert und zugfrei sein und vorher gewissenhaft gereinigt und desinfiziert werden. Die für Putenküken grundsätzlichen Bedürfnisse, wie Wärme, Licht, Futter, Wasser und Luft müssen auf ein Optimum eingestellt werden, damit die Küken die kritische Entwicklungsphase bis zur vollen Befiederung in der 6. Woche überstehen.

2.1 Stallvorbereitungen

Oft ist es schwierig zu sagen, weshalb manche Landwirte stets bessere Leistungen in der Putenmast erzielen als andere. Das Erfolgsgeheimnis liegt meist in der Einhaltung einiger fundamentaler Prinzipien, der gewissenhaften Durchführung von immer wiederkehrenden Routinearbeiten und in der konsequenten Beachtung von Kleinigkeiten im Detail.

Gerade in der Stallvorbereitung werden oft unbemerkt Kleinigkeiten übersehen, die, nachdem die Küken erst einmal eingestallt worden sind, nicht mehr durchführbar sind, wie z. B.:

○ Die Tränken hat man schön säuberlich geputzt, jedoch vergessen, die Leitungen durchzuspülen und zu desinfizieren. Die Desinfektionslösung muss, wenn sie nicht nur der Gewissensberuhigung dienen soll, mindestens 24 Stunden in den Leitungen verbleiben. Danach darf natürlich nicht vergessen werden, die Leitungen wieder gründlich durchzuspülen.

○ Die Funktionstüchtigkeit der Gasstrahler muss vor der Einstellung überprüft werden. Wenn keine bläuliche Flamme, sondern eine gelbliche zu sehen ist, muss der Strahler unbedingt repariert oder ausgetauscht werden.

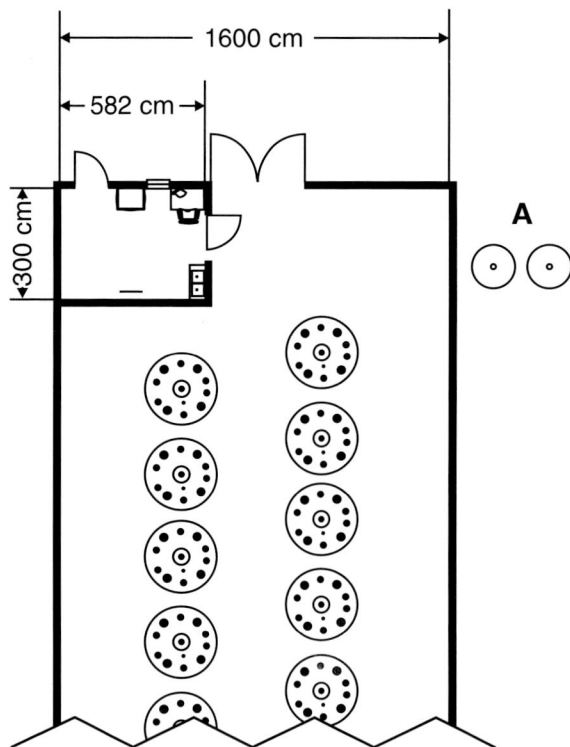

Abb. 2. Putenaufzuchtstall mit Kükenringen.

Aufgestellte Putenringe unmittelbar vor der Einstallung der Küken.

- Auch die Entlüftungsschächte müssen vorher gründlich gereinigt und desinfiziert werden.
- Die Alarmanlage sollte vor der Einstallung auf ihre Funktion hin überprüft werden.
- Die Stallvorbereitung für den neuen Durchgang beginnt eigentlich schon bei der Ablieferung der Schlachttiere. Der Stall sollte so schnell wie möglich ausgemistet werden, denn viele Schadinsekten, wie z. B. der „schwarze Käfer", verkriechen sich in Ritzen und Schlupflöchern, sobald der Stall leer und kalt ist. Gerade diese Schadinsekten sind Träger vieler pathogener Keime, Bakterien und Vieren, welche nach dem Neubesatz Krankheiten übertragen können. Die Seitenwände des Stalls sollten auf solche Schlupflöcher und Ritzen hin untersucht werden. Diese müssen dann versiegelt werden. Gerade die nach jedem Durchgang durchgeführten kleinen Reparaturen zahlen sich später während des Durchgangs indirekt in Form eines hervorragenden Ergebnisses aus.

Bei Mastanalysen, in denen auch Fragen der Stallvorbereitungen und Stallhygiene mit erfasst werden, kann man immer die besten Ergebnisse dort finden, wo der Stall zwischen den Mastdurchgängen „kalt", d. h. einige Tage gereinigt und desinfiziert leer gestanden ist. Zwei Tage vor Einstallung wird der Stall wieder betriebsfertig gemacht, d. h. Kükenringe werden aufgestellt, nachdem Hobelspäne im Ring angewalzt wurden. Je nach Außentemperatur wird der Stall ein paar Stunden vor der Einstallung aufgeheizt, man lässt Tränkewasser einlaufen und stellt Futter bereit.

Jeder Putenmäster sollte jeweils vor einer neuen Einstallung eine Checkliste erstellen, auf der alle relevanten As-

Tab. 1. Puten-Prophylaxe-Plan

Vor der Einstellung:
- Tränkeleitungs-Desinfektion mit einem DVG-gelisteten Desinfektionsmittel. Z. B. Wasserstoffperoxid H_2O_2 2 %ig in der Tränkeleitung einsetzen (z. B. Rotie Clean).
- Das Desinfektionsmittel sollte mindestens 24 Stunden in Tränkesystem stehen bleiben. Danach die Leitungen gründlich durchspülen.
- Kurz vor der Einstellung frisches Wasser einlaufen lassen, welches sich bis zum Verbrauch auf Stalltemperatur erwärmt hat.
- Kükenringe, Futter, Wasser, Temperatur müssen 3 Std. vor der Einstellung auf Optimum eingestellt sein.
- Bei der Verwendung von Nippeltränkesystemen sollten Vitamin und Traubenzuckergaben zwecks Vermeidung von Verklebungen generell unterbleiben; in den ersten Tagen.

Nach der Einstellung:
- Tiere zur Ruhe kommen lassen (1 Std.).
- Beobachten, ob die Temperatur richtig eingestellt ist.
- Mehrmals täglich frisches Futter nachgeben.
- Tränken ständig sauberhalten.
- Zur Tränkewasserdesinfektion bieten sich 2 mal wöchentlich 50–75 ml/1000 l Wasser Natriumhypochlorid (Chlorlauge) für einen Tag an.

Futtersorte Menge	Wasserverbr./ Tag/1000 Tiere	Management	Prophylaxe-Maßnahmen	Impfungen
P1 1 Woche bis max. 10 Tag ca. 250 g/Tier	ca. 30–50 l Wasserverbauch kann abweichend sein.	• Nach 6–8 Tagen P1 und P2 vermischen über 3 Tage. • Ab 4. Tag Ringe vergrößern. • Ab 8. Tag Tiere frei laufen lassen oder sofort Doppelringe (Oval mit 2 Gasstrahlern) für ca. 400 Tiere.	• Therapie durch Tierarzt bei Einstellung. • Bei erhöhten Verlusten sofortige Untersuchung der Tiere veranlassen! • Temperaturerhöhung um 2 °C bei Ausringung.	TRT-Impfung durch die Brüterei.
P2 ab 8 Tag bis ca. 5. Woche ca. 1,5 kg/Tier	3. Wo. ca. 140 l 4. Wo. ca. 200 l 5. Wo. ca. 270 l Tränke immer auf Rückenhöhe einstellen	• Musik in Zimmerlautstärke wirkt beruhigend auf die Tiere. • Wenn mit 4 bis 4,5 Wochen umgestallt wird, bitte zuerst nur P2 bis Ende 5. Woche anbieten, sonst verweigern die Tiere die Futteraufnahme. • Achtung: Coccidiose-Gefahr ab 12. Tag. • Ab 10. Tag Geflügelgrit 1–2 mm mit anbieten.	• Am 18. Tag Coccidiose-Gefahr. • Therapie nach Absprache mit dem Tierarzt + Vitamine, z. B. 0,3 ml/l GS Puten-Vital oder 0,3 g/l Provetalon. • Auch auf Clostridien achten!	3. Woche: ND-Impfung 4. Woche: HE-Impfung Achtung: 5 Tage vor der Impfung keine Desinfektion der Trinkwasserleitung durchführen.
P3 ab 6. Woche bis 9. Woche ca. 4,0 kg/Tier 5,20 kg/Tier	6. Wo. ca. 340 l 7. Wo. ca. 380 l 8. Wo. ca. 400 l 9. Wo. ca. 430 l	• Bei Kannibalismus grüne Plastikteilchen oder grüne Luftballons besorgen und im Stall verteilen; zusätzlich für eine Beruhigung der Tiere sorgen. • Ab der 9. Woche 2 Tage lang 2 g/l GS Puten-Vita-Kalk geben; Beinprophylaxe	• Auf blutige Darmentzündung achten! • In der 9. Woche Bestandskontrolle durch den Tierarzt wegen Bein- oder Darmprophylaxe.	7. Woche: ND-Impfung Achtung: 2 Tage nach der Impfung Desinfektion der Trinkwasserleitung.

Tab. 1. Puten-Prophylaxe-Plan (Fortsetzung)

Futtersorte Menge	Wasserverbr./ Tag/1000 Tiere	Management	Prophylaxe-Maßnahmen	Impfungen
P4 ab 10. Woche bis 13. Woche ca. 7,70 kg/Tier 10,9 kg/Tier	10. Wo. ca. 480 l 11. Wo. ca. 480 l 12. Wo. ca. 580 l 13. Wo. ca. 610 l	• In der 11. Woche 2 Tage lang 2 g/l GS Puten-Vita-Kalk. • In der 13. Woche 2 Tage lang 2 g/l GS Puten-Vita.Kalk. • Vorsicht bei Clostridien, bei Befall therapieren durch Tierarzt.	• In der 13. Woche Bestandskontrolle durch den Tierarzt, wegen Bein- oder Darmprophylaxe.	11. Woche ND-Impfung
P5 ab 14. Woche bis 17. Woche ca. 8,6 kg/Tier ca. 13,70 kg/Tier	14. Wo. ca. 650 l 15. Wo. ca. 680 l 16. Wo. ca. 710 l 17. Wo. ca. 750 l	• Futterbahnen und Tränke immer auf Rückenhöhe der Tiere einstellen.	• Zur Stabilisierung des Kreislaufes in der 16. Woche 2 g/l GS Puten-Stabil-Pulver oder 2 g/l Provetalon ME; jeweils 2 Tage lang	17. Woche: ND-Impfung (nach Hennenablieferung)
P6 ab 18. Woche bis Mastende ca. 19,0 kg/Tier	18. Wo. ca. 790 l 19. Wo. ca. 840 l 20. Wo. ca. 890 l 21. Wo. ca. 940 l 22. Wo. ca. 990 l 23. Wo. ca. 1050 l	• Ab 17. Woche mit Tierarzt über Therapie von Beinschwäche reden.	• Zur Stabilisierung des Kreislaufes je nach Bedarf 2–3 g/l GS Puten-Stabil-Pulver jeweils 2 Tage lang.	
Vitamine zur Stabilisierung		GS Puten-Stabil-Pulver 2 g/l Trinkwasser	Provetalon ME 1–2 g/l Tinkwasser	
Merke: Masttag = 1. Tag nach der Einstallung. Während oder nach Belastungen (Krankheiten oder Stress) sollten Vitamine gegeben werden. Nach Medikamentengaben bitten immer Puten Vital oder Provetalon geben				
Die hier aufgeführten Prophylaxe-Maßnahmen basieren auf Vitaminen und Mineralien				

pekte für den neuen Durchgang tabellarisch aufgeführt sind, die dann in einer bestimmten zeitlichen Abfolge abgearbeitet werden sollten.

2.2 Einstallung und Umstallung

Bei der Einstallung kommen die Küken in die so genannten Kükenringe. Diese können entweder aus Presspappe oder Maschendraht bestehen. Bei der Verwendung von Presspappe nimmt man der Kosten halber ganze Bahnen von 4 × 1,3 m und trennt diese der Länge nach in der Mitte durch. Es sind drei Bahnen erforderlich, um einen Kükenring zu erstellen. Diese Bahnen werden mit Holzklammern oder Metallfedern zusammengesteckt und kreisförmig um den Gasstrahler herum

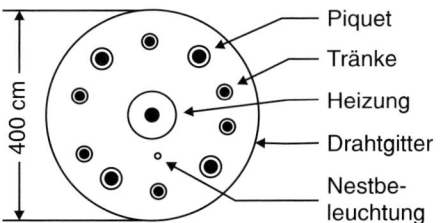

Abb. 3. Aufbau des Kükenrings.

aufgestellt. Der Kükenring hat je nach Verklammerung einen Durchmesser von 3 bis 4 m.

Beim Drahtring verfährt man ähnlich. Die Maschenweite sollte bei 2 × 2 cm liegen. Der Draht sollte eine Stärke von mindestens 2 mm haben, um dem Kükenring die notwendige Stabilität und Standfestigkeit zu verleihen.

Welches Material vorteilhafter ist, lässt sich generell nicht sagen. Im Winter sollte man stets Presspappe wählen, im Sommer hingegen bietet ein Kükenring aus Drahtgeflecht einige Vorteile hinsichtlich der Luftzirkulation. Dennoch geht der Trend eher zur Presspappe, weil die Temperaturen und damit das Wohlbefinden der Tiere besser zu steuern sind. Beim Drahtgeflecht kommt als weiterer Nachteil hinzu, dass die Küken, da sie neugierig sind, sich immer am Aufenthaltsort der Betreuerperson orientieren. Sie drücken sich gerne am äußeren Ring in die Richtung, wo sich der Betreuer aufhält oder wo gesprochen wird. Werden die Küken in Ringen aus Presspappe gehalten, sehen Küken aus maximal vier Ringen den Betreuer, sodass die Gefahr des gegenseitigen Erdrückens nicht so groß ist.

Nach dem Eintreffen der Küken sollten diese ein paar Minuten im geöffneten Karton zur Akklimatisierung im Kükenring abgestellt werden. Das Entleeren der Kartons muss vorsichtig und vom Boden aus erfolgen und nicht, wie schon oft beobachtet, aus 1 m Höhe. Broiler-Eintagsküken halten eine solche Behandlung aus, Putenküken hingegen können Schaden nehmen. Die Folgen bemerkt man erst zwei bis drei Tage später. Nach dem Einstallen sollte man die Küken zur Ruhe kommen lassen. Dies ist einer der wichtigsten Grundsätze bei jeder Kükenaufzucht.

Wasser und Futter müssen selbstverständlich vorher bereitgestellt werden. Es ist ratsam, das Wasser ca. zwei Stunden vorher in die Tränken einlaufen zu lassen, damit es sich noch etwas anwärmen kann. Um eine bessere Akzeptanz für die Tränke- und Fütterungseinrichtung zu bekommen, sollten diese rot eingefärbt sein. Das Wasser sollte mit 0,2 g/l Traubenzucker angereichert werden. Bitte unbedingt auf die Dosierung achten und nicht 0,2 g/l mit 0,2 % verwechseln! Dies hätte fatale Folgen für die Tränkeleitungen, die dadurch verkleben. Zusätzlich kann das Wasser mit einer Vitaminlösung angereichert werden. Diese sollte aber während der ersten Tage täglich frisch angesetzt werden.

Die Tränken müssen während dieser ersten Tage täglich gereinigt werden, um einer Anreicherung mit unerwünschten Keimen vorzubeugen. Um die Einsstreu nicht unnötig mit dem Reinigungswasser zu belasten, ist es ratsam, z. B. auf einer Schubkarre einen Behälter zu montieren, in dem das Reinigungswasser aufgefangen wird.

Nippeltränken haben in letzter Zeit auf Grund arbeitswirtschaftlicher Aspekte bei größeren Aufzuchteinheiten und sehr gutem Management durchaus gleichwertige Aufzuchtergebnisse gebracht. Hier sollten dann aber jegliche Zugaben ins Wasser wegen der Gefahr von Verklebungen und Verstopfungen der Nippel unterbleiben. Da die Akzeptanz der Nippeltränken nicht ausreichend ist, sollten in den ersten Tagen sicherheitshalber Stülptränken mit angeboten werden.

Nach drei bis vier Tagen werden die Kükenringe vergrößert oder man vereinigt zwei Ringe zu einem. Nach sieben bis acht Tagen springen die Küken manchmal über den Ring hinweg. Nun ist die Zeit gekommen, dass die Ringe entfernt werden müssen. Man reinigt, trocknet und desinfiziert sie und legt sie zur Aufbewahrung an einen trockenen Platz bis zur nächsten Kükeneinstallung.

Nach Möglichkeit sollte immer dieselbe Person die Küken betreuen, da diese Bezugsperson am besten am Verhalten und an den Lauten der Küken Unregelmäßigkeiten erkennen kann. Das frühzeitige Erkennen einer nahenden Krankheit zeichnet den erfolgreichen Putenmäster aus.

Da in der Aufzuchtphase des öfteren Vitamine gegeben werden, kann es aufgrund hoher Vitamin-A- und D3- Gehalten der Präparate bei den Küken zu ungewollten Reaktionen kommen. Die Küken, besonders die Hähne, werden aggressiv und zeigen erste Anzeichen von Kannibalismus und Federpicken. Besonders häufig beginnt dies im Alter von drei Wochen, wenn die ersten weißen Flügelfedern geschoben werden. Aggressivität und unnormale Reaktionen können ebenfalls durch die flach aufgehende Sonne bzw. die untergehende Sonne ausgelöst werden. Vorbeugen lässt sich dem dadurch, dass man die Ställe mit den Giebeln von vorneherein in Ost-West-Richtung platziert oder die seitliche Jalousie an Offenställen in einer z. B. grünen Einfärbung wählt. Um den Kannibalismus zu stoppen, muss man die Tiere ablenken. Dies ist einfach mit Hilfe runder grüner Plastikplättchen (2 cm Durchmesser) möglich, die man beim ersten Anzeichen von Aggressivität in die Kükenringe wirft. Durch diese Plättchen (1 Stück auf 5 m²) werden die Streithähne abgelenkt. Dabei laufen jeweils mindestens zehn Küken dem Küken nach, das ein Plättchen im Schnabel trägt, und versuchen, es ihm abzujagen. Wenn diese Aktion erfolgreich war, müssen die Plättchen allerdings wieder eingesammelt werden, um zu gewährleisten, dass die Ablenkung auch beim nächsten Mal noch funktioniert. Derselbe Effekt wird mit aufgepusteten grünen Luftballons erreicht.

Die Umstallung der Hähne vom geheizten Aufzuchtstall in den Maststall erfolgt im Alter von etwa fünf bis sechs Wochen. Die Hähne sind dann zwar bereits voll befiedert, brauchen aber dennoch eine gewisse Grundwärme von ca. 18 bis 20 °C im Maststall. Es ist ratsam, auch im Hähnemaststall für Punktwärme mit Hilfe von Gasstrahlern zu sorgen. Es genügt hierbei, wenn 1/3 der ohnehin im Aufzuchtstall nicht mehr benötigten Gasstrahler in den Maststall mitgenommen und dort in der hinteren Hälfte des Stalles (bei automatischer Spiralfutterförderung) platziert werden. Dies ist deshalb wichtig, weil dadurch die Bewegungsaktivität in den hinteren Teil des Stalles verlagert wird und die Futterkette möglichst häufig anläuft. Die Futterspirale ist mit einem Vollmelder an der letzten Futterschale versehen. Wenn die Tiere die letzte Futterschale nur schlecht und ungenügend frequentieren, wird zu wenig frisches Futter in den Stall gefördert. Durch eine Dauerbeleuchtung mit einer 60-Watt-Glühbirne oberhalb der letzten Futterschale kann zusätzlich die meist dunkle Giebelfront heller gestaltet werden; die Tiere nehmen dann auch die letzten 5 m im Stall vor der Giebelwand in Anspruch und picken somit auch vermehrt Futter aus der letzten Schale. Wer zusätzlich noch einen Lautsprecher für Musik im letzten Stalldrittel installiert, sorgt für eine optimale Futteraufnahme.

Tab. 2. Zusammenhang von Mastdauer, Besatzdichte und Endgewicht

	Mast (Wochen)	Besatzdichte (m²)	Endgewichte, lebend (kg)
Babyputenmast	9–12	7–8	3 –6
Hennenmast	16–17	bis 5	8,5–10
Hähnemast	21–23	bis 2,5	17 –20

Das Verhalten, bestimmte Areale im Stall zu bevorzugen, lässt sich häufig mit der Neugierde der Puten erklären. Die Tiere sind gewohnt, dass das Betreuungspersonal von vorne in den Stall kommt und häufig vor dem Stall Maschinen- und Fahrzeugaktivität herrscht. Deswegen orientieren sich die umgestallten Puten zunächst einmal an der Vorderseite des Stalls. Hier kann es dadurch häufiger zu Verlusten durch Erdrücken kommen.

2.3 Besatzdichte

Die optimale Besatzdichte richtet sich nach mehreren Kriterien. Es spielen sowohl die Mastart (Kurz-, Hennen- oder Hähnemast), Stallbauart sowie die Jahreszeit eine entscheidende Rolle für die Besatzdichte. Während man bei der Kurzmast (Babyputenmast) bis zum Alter von neun bis zwölf Wochen noch im Mittel sieben bis acht Tiere je m² setzen kann, so kommen bei der am meisten verbreiteten Langmast (Hennen bis 17 Wochen, Hähne bis 21 Wochen) bei der Henne bis zu fünf Tiere je m² und bei den Hähnen bis 2,7 Tiere/m² in Frage.

Im geschlossenen Aufzucht- oder Maststall spielt die Auslegung der Lüftungskapazität und des Luftvolumens im Stall eine entscheidende Rolle bei der Ermittlung der Besatzdichte.

Grundsätzlich kann man sagen, dass sich das Tier im Stall ungehindert frei bewegen können muss. Es muss sowohl zu Wasser als auch zu Futter freien Zugang haben und auch einen Ruheplatz an der Außen- oder Abtrennwand für sich in Anspruch nehmen können. Ist dies nicht gegeben, so ist er Stall überbelegt. Dies führt zwangsläufig zu Federpicken oder Kannibalismus. Ein gepicktes Tier muss einen Platz zum Re-

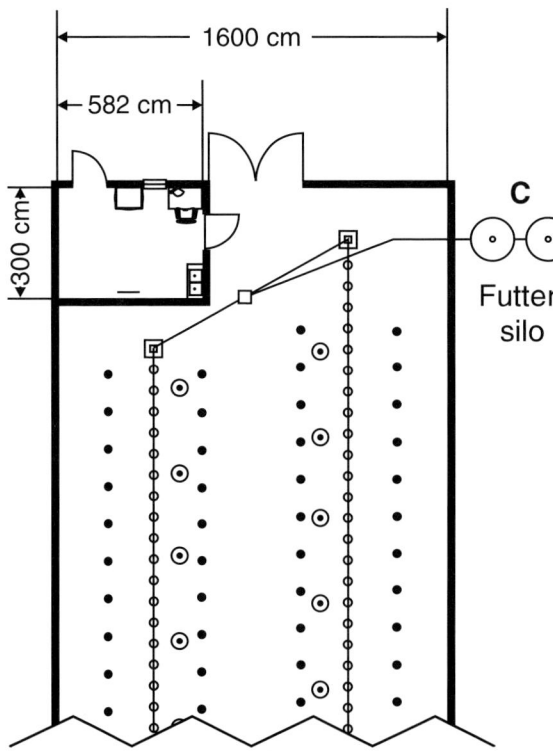

Abb. 4. Kükenaufzucht bis zur sechsten Lebenswoche.

generieren für sich finden können, sonst ist es innerhalb weniger Stunden so geschwächt, dass es eingeht. Ein dafür geeigneter Ruheplatz kann in Stallecken mit einfachen Mitteln schnell eingerichtet werden, in dem man eine Latte oder ein Brett in 30 cm Höhe als Absperrung eines Dreiecksraums anbringt.

2 oder 3 an der Längsseite des Stalles schräg angestellte Spanplatten bieten ebenfalls schnell erreichbaren Schutz.

Der sicherste Weg, Picken und Kannibalismus zu unterbinden, ist die Häufigkeit der Kontrollgänge und damit das Aussondern von gepickten Puten zu erhöhen. Ratsam ist es, während des Stalldurchganges, besonders aber in dieser so kritischen und angespannten Mastphase, nicht mit nervös und aggressiv machender roter Kleidung durch den Stall zu gehen. Grüne oder blaue, eher dunkle Kleidung wirkt beruhigend auf die Puten. Bewährt haben sich auch die schon angesprochenen grünen Plastikplättchen zum Ablenken der Tiere. Ein Plättchen auf 10 m² Stallfläche bewirkt oft ein völliges Einstellen des Pickens innerhalb von wenigen Stunden. Wie beim Rugbyspiel laufen bis zu 20 Puten hinter der Pute her, die gerade ein Plättchen besitzt. Vergleicht man hier den eingesetzten Aufwand mit dem erzielten Effekt, ist man sich über die Wirtschaftlichkeit dieser Maßnahme schnell im klaren. Wichtig ist, dass die Plättchen wieder eingesammelt werden, um eine Gewöhnung zu vermeiden.

Als weitere Maßnahmen zur Unterbindung von Kannibalismus haben sich eine über das Trinkwasser verabreichte Viehsalzgabe (1–2 g/l Wasser) oder eine Magnesiumgabe über Wasser oder Futter zur Beruhigung einer aggressiven Herde bewährt.

2.4 Einstreu und Geräte

Für die Aufzucht der Putenküken bis zur 6. Woche haben sich Hobelspäne oder nach neuesten Tendenzen und Erkenntnissen stumpfe, gekrümelte Cellulose-Produkte (soft litter) bewährt. Hobelspäne haben oftmals noch scharfe, spitze, abstehende Stachel, die bei Eintagsküken in die noch nicht richtig verhornte Fußhaut oder zwischen die Zehengelenke einstechen können. Diese Einstiche und kleinsten Verletzungen sind erste Eintrittspforten für Keime und Verätzungen durch Kotbestandteile, auf denen die Tiere besonders im Tränkebereich laufen.

Es bestätigt sich immer mehr der Verdacht, dass die sogenannte Pododermatitis (Fußballenentzündung) hier seinen Ursprung hat und bis Mastende zu gravierenden gesundheitlichen und auch wirtschaftlichen Schäden führen kann. Wenn die Fussballen entzündet sind, kann vom Tier das genetisch mögliche Wachstumspotential nicht ausgeschöpft werden. Es bleibt abzuwarten, ob nicht schon ein Austausch der Einstreu für die ersten 8 Tage im Kükenring auf ein „soft litter" Produkt dieses Problem der Pododermatitis lösen kann. Die Tendenzen aus ersten Versuchen sind vielversprechend.

Beim Kauf der Hobelspäne sollte Wert auf eine möglichst staubfreie Ware gelegt werden, da sonst Staubpartikel von den Küken eingeatmet werden können und dies zum Verkleben der Nasenöffnungen oder zu innerlichen Reizungen der Luftsäcke führen kann. Des weiteren verschmutzt der Staub unnötig die Tränkeeinrichtungen.

Man benötigt je nach Jahreszeit ca. 0,5 bis 1t Hobelspäne je 1000 Putenküken als Grundeinstreu für die Aufzucht.

Vorteilhaft ist es, wenn die nicht sofort benötigte Menge schräg an den Außenwänden aufgeschüttet wird. So ist die frische Ware beim nötig werdenden Nachstreuen schnell für jeden Teil des Stalles erreichbar und kann mittels einer Harke zügig verteilt werden.

Im Kükenring sollten die Späne etwa 5 bis 7 cm dick eingestreut und festgewalzt werden, damit sich die Küken darauf optimal bewegen können. Nach sechs bis acht Tagen, wenn die Kükenringe entfernt werden, wird eine ebenfalls 5 cm dicke Hobelspäneschicht im ganzen Stall verteilt. Sobald um die Tränken die Einstreu klebrig und feucht wird, muss nachgestreut werden. Unter günstigen klimatischen Verhältnissen ist auch das zweimal wöchentliche Durchfräsen der Einstreu eine praktikable Lösung, um den Stall trocken zu halten. Es muss aber daran gedacht werden, dass mit dem laufenden Durchwühlen der Einstreu unerwünschte Keime immer wieder mit nach oben kommen und gesundheitliche Probleme verursachen können.

Mit der 5. bis 6. Lebenswoche wird häufig das Einstreumaterial gewechselt und Stroh benutzt. Gutes, trocken und pilzfrei geborgenes Gersten- oder Roggenstroh nimmt am meisten Feuchtigkeit auf und eignet sich daher am besten für die Einstreu. Aber auch Weizenstroh lässt sich durchaus verwenden, wenn es qualitativ einwandfrei ist.

Es ist auf jeden Fall vorteilhaft, wenn die Küken im Aufzuchtstall, also noch vor dem Umstallen in den Maststall, mit diesem neuen Einstreumaterial vertraut gemacht werden, um so dem so genannten „Strohfressen" vorzubeugen.

Dieses „Strohfressen" wird oft durch den Umstallungsstress hervorgerufen. Die Hähne kommen in den vom Platzangebot her plötzlich riesigen neuen Stall und werden häufig auch noch mit einem Futterwechsel konfrontiert. Gemeint ist hier die Umstellung von den relativ hellen 2-mm-Pellets auf die dunkleren 3-mm-Pellets. Des weiteren ist häufig auch der Beginn der Hämorrhagischen Enteritis dafür verantwortlich, dass das Tier 20 bis 40 % weniger Futter aufnimmt und stattdessen schon einmal mehrere Strohhalme frisst. Vorbeugend sollte deshalb auch Ende der 5. Lebenswoche gegen H.E. schutzgeimpft werden. Wird hier nicht rechtzeitig Abhilfe geschaffen, indem Grit mit angeboten wird, sind oft auch größere Verluste vorprogrammiert. Ein sofortiges Hilfsmittel ist die erneute Verabreichung von kleinen 2-mm-Pellets. Die Tiere werden hierdurch wieder zum Fressen angeregt und lassen das Strohfressen bleiben. Auch wenn das Silo gerade nicht leer ist, lohnt es, sich die Arbeit zu machen und mit Sackware (2-mm-Pellets absacken und zurückstellen) sofort dem Strohfressen zu begegnen.

Um dieses Problem zu erkennen, ist es unbedingt notwendig, verendete Tiere in diesem Alter zu untersuchen. Ein geschultes Auge sieht auf Anhieb einen geröteten Darm, einen mit Stroh gefüllten Magen, ein an Herztod verendetes Tier oder entzündete Luftsäcke als mögliche Todesursachen und kann ggf. sofort Gegenmaßnahmen einleiten.

In der letzten Zeit haben sich Einstreumaschinen zur Ablösung der arbeitsintensiven Handstreuarbeit bestens bewährt. Während man bei der Handeinstreu z. B. für eine Masteinheit von je 3500 Putenhennen und Hähnen je nach Witterung zwei- bis dreimal wöchentlich insgesamt 10 bis 12 AKh aufwenden musste, so benötigt man beim maschinellen Einstreuen nur noch 2 bis 3 AKh wöchentlich. Die Tiere sollten direkt nach dem Umstallen an das maschinelle Streuen gewöhnt werden, denn dann ist in beiden Ställen noch viel Platz. Die evtl. aufgestellten Abtrenngitter in den Ställen können und sollten entfernt werden, damit ungehindert mit dem Traktor in den Stall gefahren werden kann. Die Puten gewöhnen sich an das Geräusch der Maschinen und werden dadurch ruhiger. Auch ein lautes Geräusch vom Futtermittelfahrzeug bringt die Puten nicht mehr in Panik. Wird zusätzlich noch ein Radiogerät mit mehreren Lautsprechern im Stall installiert und rund um die Uhr ein aktueller Tagessender mit Musik und Gesprächsintervallen angeboten, wird einer Panik wirkungsvoll vorgebeugt. Die Puten reagieren nicht mehr auf Fremdgeräusche und geraten deshalb nicht mehr bei der kleinsten Störung in Panik.

Einstreumaschinen gibt es in vielen Ausführungen und Preislagen. Lassen Sie sich Geräte vorführen und bilden Sie sich dann selbst ein Urteil, welche Maschine für Ihren Betrieb die richtige ist.

2.5 Klimabedingungen (Temperatur und Lüftung)

Beim Eintreffen der Küken sollte der Stall auf eine Raumtemperatur von 20 °C eingestellt sein. Unter dem Gasstrahler in ca. 80 cm Höhe sollte eine Temperatur von ca. 35 °C herrschen. Wichtig ist, dass der Gasstrahler mit etwas Schräglage, also mit Neigung nach unten aufgehängt wird. Wird der Gasstrahler waagerecht aufgehängt, besteht die Gefahr, dass die Flamme erstickt oder dass sich giftige Gase bilden.

Man sollte sich nicht allein auf den Klimacomputer verlassen, denn er kann nur eine eingestellte Grundtemperatur regeln. Das individuelle Wärmebedürfnis im Stall kann sogar von Kükenring zu Kükenring unterschiedlich sein. Besonders an den jeweiligen Giebelseiten des Stalls können sich Kältezonen bilden, so dass die Temperatur hier von

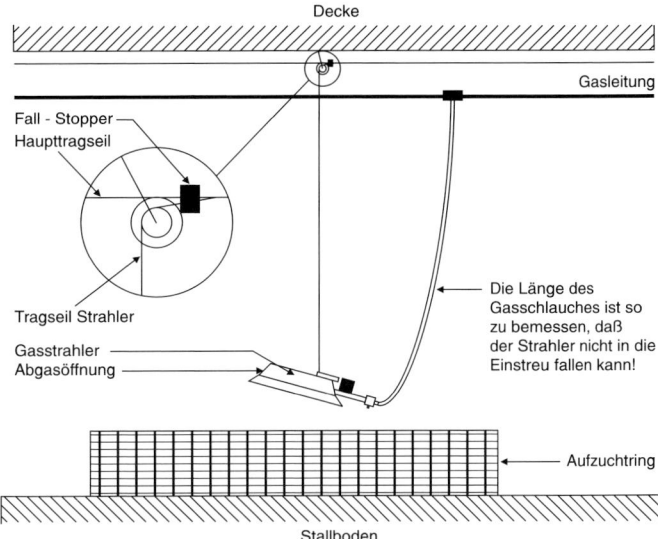

Abb. 5. Fixierung und Lage der Gasstrahler.

 Die Temperatur ist richtig eingestellt. Die Küken haben sich gleichmäßig um den Strahler versammelt.

 Die Temperatur ist zu hoch eingestellt. Die Küken drängen sich nach außen an den Ring.

 Die Temperatur ist zu niedrig eingestellt. Die Küken drängen sich unter dem Strahler zusammen.

 Die Küken meiden einen Teil des Ringes. Es besteht Zugluftgefahr.

Abb. 6. Die Temperatur beeinflusst das Verhalten der Küken in den Ringen.

Hand nachgeregelt werden muss. Die Küken im Ring zeigen an ihrem Verhalten, ob die Temperatur richtig eingestellt ist.

Ist die Temperatur in Ordnung, versammeln sich die Küken gleichmäßig um den Gasstrahler herum. Sie drücken sich nicht eng aneinander, verlassen gelegentlich die Wärmezone, kommen aber bald wieder zurück. Ist die **Temperatur zu hoch** eingestellt, drücken sich die Küken an den äußeren Rand des Rings. Sie suchen dort Frischluft und Abkühlung. Die Gefahr des Erdrückens und vor allem auch des Erstickens (bei Pappringen größer als bei Drahtgeflecht) ist dann akut gegeben. Als sofortige Abhilfe empfiehlt es sich, die Ringe zu vergrößern (aus zwei Ringen wird einer gemacht) oder den Gasstrahler höher zu platzieren.

Ist die **Temperatur zu niedrig** eingestellt, ziehen sich die Küken unter dem Gasstrahler zusammen. Sie gehen aufeinander zu, um Wärme zu suchen. Dabei werden die unteren Küken erdrückt oder ersticken an Sauerstoffmangel. Abhilfe kann hier nur die Erhöhung der Temperatur durch Tieferhängen oder Austauschen des Strahlers gegen ein leistungsstärkeres Gerät schaffen. Das vierte Erscheinungsbild – die Küken ziehen sich in einem bestimmten Teil des Rings zusammen – deutet auf **Zugluft** im Aufzuchtstall hin. Gerade an den Giebeltüren und den Jalousieenden sind häufig kleine Spalten zu finden, durch die bei entsprechender Windrichtung Zugluft in den Stall und damit an die Küken gelangen kann. Es kann zu Verlusten durch Erdrücken kommen. Kleine Küken fangen sogar schon an zu schnupfen.

Wenn also durch intensives Beobachten das Verhalten der Tiere richtig gedeutet werden kann, lässt sich das Klima der ersten acht Tage im Kükenring optimal einstellen.

Bei geschlossenen Ställen lässt sich die Temperatursteuerung für die Aufzucht oft einfacher und problemloser gestalten, da die natürlichen Schwankungen zwischen Tag und Nacht besser abgepuffert werden.

Beim Offenstall hat es sich für die Steuerung der Lufttemperatur als vorteilhaft erwiesen, dass man die Jalousie in der Mitte in zwei Abschnitte aufteilt, denn oft steht eine Hälfte des Stalls im Windschatten, und die Steuerung der Jalousie kann die Frischluftzufuhr nicht optimal regeln. Bei zweigeteilter Jalousie dagegen optimiert der Klimacomputer die Luftzufuhr für vier Teilbereiche des Stalles, was dann der Tiergesundheit zugute kommt. Bei einer einteiligen Jalousie muss immer mit Kompromissen gearbeitet werden.

2.6 Warmaufzucht

Bei der Warmaufzucht handelt es sich um eine ringlose Aufzucht der Putenküken in den ersten Lebenswochen. Den Tieren wird der gesamte Aufzuchtstall zur Verfügung gestellt. Voraussetzung für eine wirtschaftlich erfolgreiche Aufzucht ist eine sehr gute Isolierung des Stalles und eine gleichmäßige Luftführung mit sehr geringen Temperaturdifferenzen innerhalb des Stalles. Die Raumtemperatur bei der Einstellung der Tiere muss an allen Stellen des Stalles zwischen 34 und 36 °C betragen. Wichtig dabei ist die Vermeidung von Bodenkälte durch eine zu kurze Aufheizperiode vor der Einstellung der Tiere und das Ausschalten von Strahlungskälte im Bereich von schlecht isolierten Außenwänden. Um mögliche Bodenkälte auszuschließen, ist der Stall bei kalter Witterung mindestens 3 bis 4 Tage aufzuheizen.

Im Kükenbereich darf keine Zugluft oder kühle Frischluft auf die Tiere einwirken. Die Temperatur kann unter Beobachtung des Herdenverhaltens täglich um 0,5 °C abgesenkt werden. Die Tierverteilung während des Absenkens der Temperatur ist maßgeblich für den benötigten Zeitraum.

Diese Bedingungen einzuhalten ist im Sommer in vielen Ställen nicht schwer. Im Winter bei Minustemperaturen und kalten Winden müssen diese geforderten Stallbedingungen aber auch ohne Abstriche eingehalten werden können. Die benötigte Heizkapazität für den Stall ist enorm. Kann die ausreichende Wärmezufuhr nur durch Abdichten des Stalles und einer Verringerung der Mindestluftrate erzielt werden, verbietet sich diese Aufzuchtform. Es ist ein Trugschluss zu glauben, dass nicht gelüftet werden muss – ganz im Gegenteil. Die CO_2-Konzentration muss unbedingt beachtet werden. Ein Anstieg der CO_2-Werte über 3.000 ppm in der Stallluft führt zu Ermüdungen bei den Küken und erhöht die Zahl der Anfangsverluste um einige Prozentpunkte.

Durch die hohen Stalltemperaturen ist die Trinkwasserhygiene besonders wichtig. Um ein zu starkes Erwärmen und damit verbundenes Keimwachstum in den Leitungen zu verhindern, werden die Trinkwasserleitungen alle zwei Stunden je nach Leitungslänge für ein bis zwei Minuten mit klarem, kaltem Leitungswasser ausgespült. Ein elektronisch gesteuertes Magnetventil übernimmt diese Aufgabe.

Die Anfütterung der Tiere kann durch zusätzlich ausgelegte Papierbahnen oder Eierhöcker verbessert werden. 3 – 4 Bahnen werden bei einem 16 m breiten Stall in Längsrichtung durch den Stall gerollt und mit Futter bestreut. Das Rascheln des Futters auf dem Papier animiert die Küken zusätzlich zum Fressen. Ein frühzeitiges Nachstreuen – wie in den Aufzuchten mit Ringen üblich – kann entfallen. Durch eine generell trockenere Einstreu in der Warmaufzucht ist die Gefahr der Fußballenentzündung geringer. Langjährige gute Erfahrungen mit den Warmaufzuchten haben die Skandinavier gesammelt. Dort sind die Aufzuchtställe jedoch mit Fußbodenheizungen ausgerüstet. Eine Fußbodenheizung verhindert größere Temperaturschwankungen im Kükenbereich und fördert trockenere Einstreu. Fußballenverklebungen durch Kot aus der Einstreu und anschließende Ballenentzündungen sind geringer.

In der Warmaufzucht sind die Anforderungen an Stall und Tierbesitzer hoch. Eine endgültige und abschließende Empfehlung für eine Warmaufzucht kann heute für die hiesigen Putenaufzuchtbedingungen noch nicht zweifelsfrei ausgesprochen werden.

3 Die Mastphase
(ab der 7. Woche bis Mastende)

Mit der 6. Woche geht die Aufzuchtphase der Putenküken zu Ende. Die Putenküken sind nun fast vollständig befiedert und weiß. Die getrennt geschlechtliche Mast beginnt.

3.1 Haltungsbedingungen

Während die Putenhenne im Aufzuchtsstall verbleibt, wird der Hahn in den Maststall umgestallt. Es beginnen für den Hahn ein paar Tage der Neuorientierung. Diese verlaufen aufgrund einer oft ungewollten Stresssituation nicht ganz unproblematisch, d. h. es können gewisse Krankheiten, wie Coccidiose oder Schnupfen, kurzzeitig auftreten. Die Umstallung kann aber für den Hahn und für die Henne auch von Vorteil sein, denn aufgrund des vermehrten Platz- und Raumangebots sinkt der allgemeine Keimdruck im Stall, was sich sehr positiv auf die Tiergesundheit auswirkt. Außerdem können sich die Puten freier und ungehinderter im Stall bewegen und individuelle Plätze zum Verweilen aufsuchen.

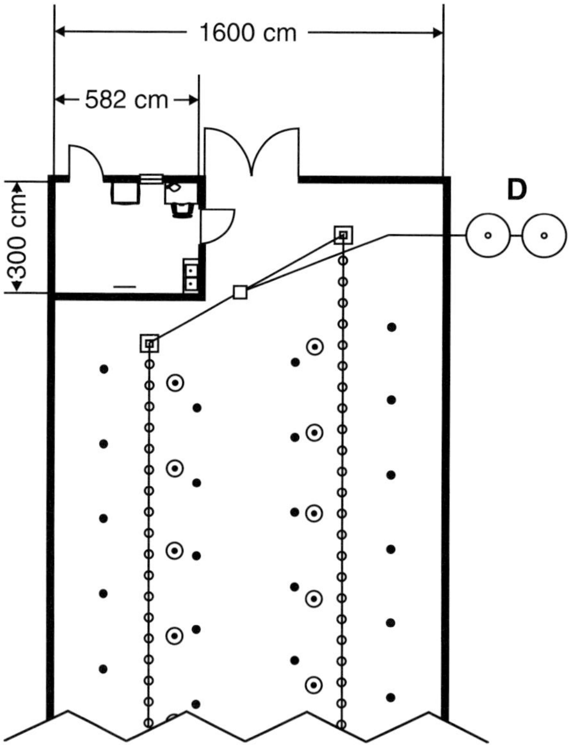

Die Mittel- und Endmast wird meistens in so genannten Offenställen durchgeführt. Die Besatzdichte beträgt beim Hahn max. 2,7 Tiere/m², bei der Henne max. 5 Tiere/m². Höhere Besatzdichten wirken sich durch höhere Verluste und niedrigere Endgewichte eindeutig negativ auf den Masterfolg aus. Die in der Putenmast typischen Haltungsbedingungen, wie die Haltung in Offenställen, die freien Bewegungsmöglichkeiten im Stall und die artgerechte Haltung auf trockener Einstreu, geben der Putenmast auch im Rahmen des Tierschutzes einen positiven Status.

Abb. 7. Mast ab der sechsten Lebenswoche.

3.2 Außenklimastall

Als eine „Idee mit großer Wirkung" hat sich mittlerweile ein angebauter Außenklimastall oder auch Wintergarten am Putenhähnestall erwiesen. Bei intensiver Tierbeobachtung kann man immer wieder sehen, wie geschwächte Tier von stärkeren verfolgt und am Hals bzw. Kopf gepickt werden. Sind dann blutige Stellen zu sehen, hat dieses Tier

Außenansicht eines Wintergartens der nachträglich angebaut wurde.

fast keine Überlebenschancen mehr.

Daher wurde im Rahmen eines BLE-Forschungsprojektes an einem vorhandenen Putenstall (16 × 85 m) an einer Längsseite ein ca. 3 m breiter Wintergarten angebaut. 9 Durchgangsluken gleichmäßig über die Stalllänge verteilt, verbinden beide Räume miteinander; sie sind mit Klappen versehen, sodass diese bei extremer Kälte geschlossen werden können. Es befinden sich keine Tränken oder Fütterungseinrichtungen im Wintergarten. Die Seite ist mit feinmaschigem Drahtgitter (2 × 3 cm) von unten bis oben geschlossen, so dass die Tiere alle Aktivitäten im Umfeld des Stalles beobachten können. Als Einstreu dienen auf der betonierten Grundplatte ein Stroh-Sand-Gemisch oder auch Hackschnitzel.

Wenn nun die Hähne nach der Umstallung vom Aufzuchtstall in den Maststall verbracht sind, lernen sie sich mit Hilfe dieser Schlupflöcher über den Wintergarten aus dem Weg zu gehen. Besonders geschwächte Tiere haben hier die Möglichkeit zu entkommen. Sie werden zwar verfolgt, die Verfolger werden aber vom anderen Klima, der anderen Einstreu oder den anderen umgebenden Reizen – sei es Personenverkehr, Traktorgeräusche, Hund oder Katze soweit abgelenkt, dass sie die Verfolgung oft schnell vergessen. Das verfolgte Tier hat so die Möglichkeit, durch eine andere Öffnung in andere Stallbereiche zu entkommen.

Dieses Phänomen trägt wesentlich zur Verringerung der Gesamtverluste bei. Da die Puten alle möglichen Aussengeräusche wahrnehmen und auch Herkünfte sehen oder orten können, ist in diesem Stall seit dem Anbau des Wintergartens keine Panik aufgetreten.

In der Untersuchung sind 12 Mastdurchgänge vor und 14 Durchgänge nach Anbau des Wintergartens erfasst und verglichen worden. Die Verbesse-

Die Mastphase

Innenaufnahme des Wintergartens. Durch Klappenöffnungen können die Tiere diesen Bereich betreten.

Tab. 3. Vergleich von Mastdurchgängen (jeweils 12) vor und nach Anbau des Wintergartens

	Versuch Eilers-R.	⌀ EZG*	Differenz	ökonom. Bewertung/Hahn
Vor Anbau Wintergarten				
Endgewicht Hähne	19,46 kg	19,55 kg	– 0,09 kg	– 0,10 €
Verluste	10,75 %	11,69 %	– 0,94 %	– 0,14 €
Futterverwertung	1 : 2,88	1 : 2,85	0,03	0,00 €
Nach Anbau Wintergarten				
Endgewicht Hähne	20,49 kg	19,99 kg	0,50 kg	0,53 €
Verluste	5,29 %	9,92 %	– 4,63 %	– 0,69 €
Futterverwertung	1 : 2,66	1 : 2,71	– 0,05	0,00 €
Verbesserung nach Anbau Wintergarten				
Endgewicht Hähne	+ 1,03 kg	+ 0,44 kg		
Verluste	– 5,46 %	– 1,77 %		
Futterverwertung	– 0,22	– 0,14		
Endgewicht Hähne	1,06 € je kg			
Verluste in %	0,15 je 1 %			
Futterverwertung	0,045 € je 1 %			

*Bei den ⌀ EZG-Werten handelt es sich um Durchschnittsergebnisse aller in dem jeweiligen Monat abgeschlossenen Mastdurchgänge (Hähne-Ablieferungen) incl. des Versuchsstalles Eilers-R.

Tab. 4. Vergleich techn. Mastleistungen bei Hähnen

		Versuch Eilers-R.	⌀ EZG*	Differenz	ökonom. Bewertung/Hahn	gesamt
April 2001	Endgewicht Hähne	20,58 kg	19,67 kg	0,91 kg	0,97 €	
	Verluste	3,60 %	9,46 %	− 5,86 %	0,88 €	
	Futterverwertung	1 : 2,79	1 : 2,82	− 0,03	0,14 €	1,99 €
August 2001	Endgewicht Hähne	18,84 kg	18,32 kg	0,52 kg	0,55 €	
	Verluste	5,88 %	11,55 %	− 5,67 %	0,85 €	
	Futterverwertung	1 : 2,65	1 : 2,76	− 0,11	0,50 €	1,99 €
Januar 2002	Endgewicht Hähne	19,10 kg	19,57 kg	− 0,47 kg	0,50 €	
	Verluste	4,66 %	8,40 %	− 3,74 %	0,56 €	
	Futterverwertung	1 : 2,69	1 : 2,70	− 0,01	0,05 €	1,11 €
Mai 2002	Endgewicht Hähne	20,90 kg	20,70 kg	0,20 kg	0,21 €	
	Verluste	3,37 %	7,19 %	− 3,82 %	0,58 €	
	Futterverwertung	1 : 2,71	1 : 2,69	0,02	− 0,09 €	0,70 €
Oktober 2002	Endgewicht Hähne	20,81 kg	19,09 kg	1,72 kg	1,83 €	
	Verluste	7,14 %	10,44 %	− 3,30 %	0,50 €	
	Futterverwertung	1 : 2,57	1 : 2,62	− 0,05	0,23 €	2,56 €
Februar 2003	Endgewicht Hähne	19,88 kg	20,18 kg	− 0,30 kg	− 0,32 €	
	Verluste	2,00 %	8,78 %	− 6,78 %	1,02 €	
	Futterverwertung	1 : 2,68	1 : 2,72	− 0,04	0,18 €	0,88 €
Juni 2003	Endgewicht Hähne	19,59 kg	19,95 kg	− 0,36 kg	− 0,38 €	
	Verluste	4,60 %	12,75 %	− 8,15 %	1,23 €	
	Futterverwertung	1 : 2,68	1 : 2,76	− 0,08	0,36 €	1,21 €
Oktober 2003	Endgewicht Hähne	19,94 kg	19,26 kg	0,68 kg	0,72 €	
	Verluste	5,88 %	12,08 %	− 6,20 %	0,93 €	
	Futterverwertung	1 : 2,62	1 : 2,63	− 0,01	0,05 €	1,70 €
März 2004	Endgewicht Hähne	21,63 kg	21,03 kg	0,60 kg	0,64 €	
	Verluste	7,22 %	12,98 %	− 5,76 %	0,86 €	
	Futterverwertung	1 : 2,74	1 : 2,84	− 0,10	0,45 €	1,95 €
Juli 2004	Endgewicht Hähne	20,44 kg	19,92 kg	0,52 kg	0,55 €	
	Verluste	5,59 %	8,33 %	− 2,74 %	0,41 €	
	Futterverwertung	1 : 2,62	1 : 2,68	− 0,06	0,27 €	1,23 €
Dezember 2004	Endgewicht Hähne	21,85 kg	20,70 kg	1,15 kg	1,17 €	
	Verluste	4,85 %	6,53 %	− 1,68 %	0,25 €	
	Futterverwertung	1 : 2,68	1 : 2,64	0,04	0,00 €	1,42 €
April 2005	Endgewicht Hähne	22,09 kg	22,08 kg	0,01 kg	0,01 €	
	Verluste	8,00 %	12,61 %	− 4,61 %	0,69 €	
	Futterverwertung	1 : 2,61	1 : 2,69	− 0,08	0,00 €	0,70 €
September 2005	Endgewicht Hähne	20,69 kg	19,31 kg	1,38 kg	1,38 €	
	Verluste	5,90 %	7,76 %	− 1,86 %	0,28 €	
	Futterverwertung	1 : 2,54	1 : 2,59	− 0,05	0,00 €	1,66 €

Tab. 4. Vergleich techn. Mastleistungen bei Hähnen (Fortsetzung)	
Berechnung	
Gesamt € = 19,00 € geteilt durch 13 Durchgänge = 1,46 € à 3 500 Tiere = 45 500 Tiere	
45 500 Tiere à 1,46 €/Hahn	= 66 516,28 €
0,50 €/Hahn weniger Medizinaleinsatz	= 22 750,00 €
Mehrgewinn	= 89 266,28 € geteilt durch 45 500 Tiere = 1,96 € Mehrgewinn/Hahn
Endgewicht Hähne 1,06 € je kg	
Verluste in % 0,15 je 1 %	
Futterverwertung 0,045 € je 1 %	

* Bei den ⌀ EZG-Werten handelt es sich um Durchschnittsergebnisse aller in dem jeweiligen Monat abgeschlossenen Mastdurchgänge (Hähne-Ablieferungen) incl. des Versuchsstalles Eilers-R.

rungen hinsichtlich technischer Mastleistung aber auch am Schlachtkörper (weniger Brustblasen, weniger Verkratzungen, geringere Verwürfe) sind verblüffend. Die Anbaukosten belaufen sich auf ca. 80 €/m² und sind auf Grund der verbesserten technischen Resultate:
- ca. 3–4 % weniger Verluste,
- 0,5 kg höheres Endgewicht,
- 5/100 verbesserte Futterverwertung,
- deutlich reduziertem Medizinalaufwand

binnen sehr kurzer Zeit amortisiert.

Der Anbau sollte aber auf keinen Fall breiter als 4 m sein, da der Effekt des sich aus dem Wege gehens sonst wieder verloren geht.

3.3 Klimabedingungen

Auch wenn die Puten bei der Umstallung in der 6. Lebenswoche fast vollständig befiedert sind, stellen sie doch gewisse Ansprüche an das Stallklima.

Bei den Hennen, die im Aufzuchtstall verbleiben, sind Gasstrahler vorhanden, welche bei absinkenden Temperaturen schnell wieder eingesetzt werden können. Beim Hähnestall empfehlen sich entweder eine Gaskanone, von der Mitte des Stalls aus in die hintere Hälfte blasend, oder einzelne Gasstrahler zur Punktwärmeerzeugung im Firstbereich des Stalls. Die Wärmequellen sollen in der hinteren Hälfte des Stalls angebracht werden, weil dadurch die Tiere auch diese Hälfte des Stalles in Anspruch nehmen. Da sich am Ende des Stalles die Antriebe für die Futterbahnen befinden, laufen diese zudem häufiger kurzzeitig an, was zur Folge hat, dass gerade die umgestallten Hähne immer wieder zum Fressen angeregt werden. So werden negative Auswirkungen der Stresssituation, wie z. B. Strohfressen, vermieden.

Ein zu kalt geführter Stall birgt die Gefahr der Erdrückung der Puten in sich, da sie Wärme suchen und aufeinander kriechen, denn die Pute stammt aus den wärmeren Gegenden der Erde, aus Mittel- und Südamerika. Langsam steigende Temperaturen und länger andauernde Hitzewellen machen den Puten gesundheitlich nichts aus. Sie reagieren mit verminderter Stoffwechseltätigkeit, d. h. sie fressen bis zu 40 % weniger Futter, hecheln und atmen mit offenen Schnäbeln, bewegen sich wenig, trinken aber bis zu 20 % mehr Wasser. Während die Putenhenne vom optimalen Mastendgewicht nur wenig einbüßt, fehlen beim Hahn durch längere Hitzeperioden, d. h. Temperaturen über 25 °C, schnell 1,5 bis 2 kg an Gewicht.

Für plötzlich auftretende Hitzetage haben sich Zusatzlüfter (Stand- oder Schwenklüfter) bewährt, die dann ab einer bestimmten Temperatur und hoher Luftfeuchtigkeit (stehende, drückende Luft) zugeschaltet werden. Durch die freiwillige Putenvereinbarung und die dort enthaltene Forderung nach zusätzlicher Belüftung im Stall sind weniger hitzetote Tiere zu beklagen, was gleichzeitig eine bessere Rendite bewirkt.

3.4 Mastleistung

Viele kleine, manchmal auch vermeintlich unwichtige Details spielen eine entscheidende Rolle für die Erzielung guter Mastleistungen. Es müssen fundamentale Haltungsprinzipien eingehalten, Routinearbeiten sorgfältig ausgeführt und auch den Details muss Aufmerksamkeit geschenkt werden. Betriebsblindheit schleicht sich auch hier häufig ein. Oft erfolgen Veränderungen und Verschlechterungen im Management unbemerkt nach und nach. Addiert man die kleinen Veränderungen, zeigt sich bald eine deutliche Verschlechterung des Mastergebnisses.

Oft wird ein erfolgreiches Putenmastunternehmen vergrößert; die Zahl der zu betreuenden Puten erhöht sich um bis zu 50 %. Am Management braucht sich dabei nichts verändert zu haben, aber der Zeitdruck hat sich enorm erhöht. Hier schleichen sich dann oft Nachlässigkeiten ein, die in ihrer Summe zu einem deutlich schlechteren Mastergebnis führen können.

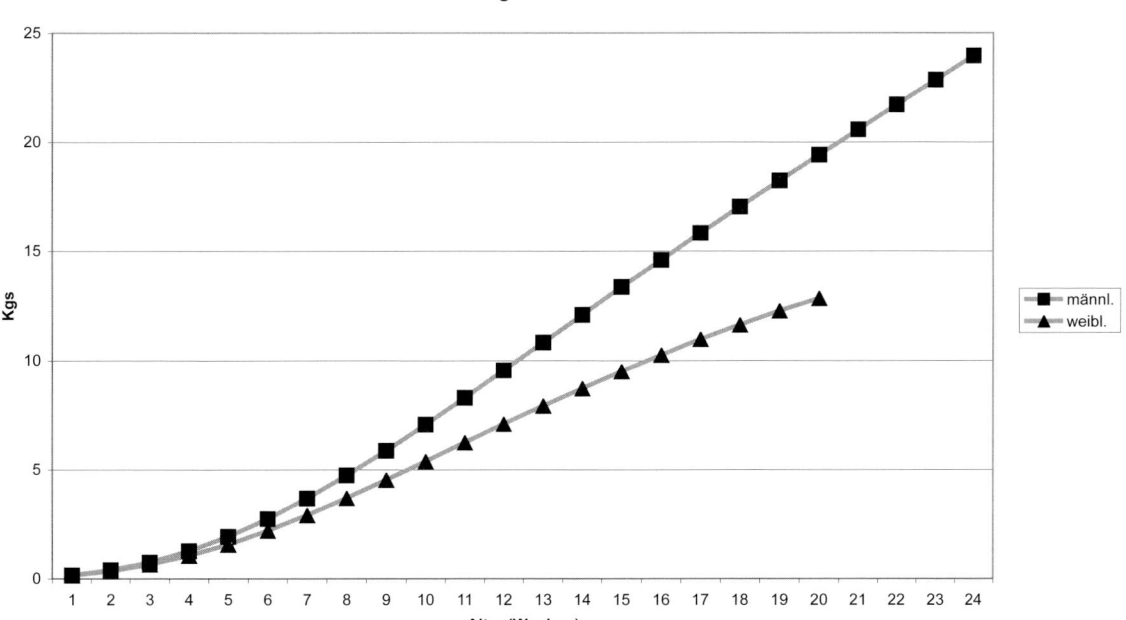

Abb. 8. Gewichtsverlauf von Hennen und Hähnen der Putenrasse BUT Big 6.

Links oben: Durchleuchtung (Schieren) der bebrüteten Eier am Tag 10 auf Befruchtung. Die unbefruchteten Eier werden entfernt.

Rechts oben: Küken beim Schlupf. Noch sind nicht alle Küken erfolgreich geschlüpft.

Links unten: Qualitätskontrolle der Küken. Zu kleine und lebensschwache Tiere werden selektiert.

Rechts unten: Alle Küken werden nach dem Schlupf nach ihrem Geschlecht getrennt.

3.4.1 Einfluss der Züchtung

Die Mastleistungen der Puten werden weiterhin entscheidend durch die Züchtung beeinflusst. Erreichte ein Hahn im Jahre 1972 mit 22 Wochen noch ein Mastendgewicht von 11,5 kg, so bringt er heute, gut 35 Jahre später, stattliche 21 kg auf die Waage. Auch bei der Henne steigerte sich das Mastendgewicht in der gleichen Zeit um 3 kg. Besonderes Augenmerk wurde bei der Zuchtarbeit auf einen überproportionalen Zuwachs des Brustfleischanteils gelegt, weil dies das begehrteste und teuerste Fleisch der Pute ist.

3.4.2 Einfluss der Tiergesundheit

Um eine optimale Mastleistung zu erzielen, spielt natürlich auch die Tiergesundheit eine entscheidende Rolle. Sehr gutes Gesundheitsmanagement in Verbindung mit tierärztlichen Prophylaxemaßnahmen und Impfungen

Tab. 5. Big 6 männl. Puten Gewicht, Futterverbrauch und Futterverwertung

Alter (Wochen)	Lebendgewicht (kg)	kumul. tägl. Gewichtszunahme (g / Tag)	Überlebensrate (%)	wöchentl. Futterverbrauch (kg)	wöchentl. kumul. Futterverwertung	Alter (Tage)
1	0,16	22,7	98,5	0,15	0,96	7
2	0,39	27,7	98,2	0,32	1,23	14
3	0,75	35,6	98	0,54	1,37	21
4	1,26	44,8	97,8	0,82	1,47	28
5	1,92	54,9	97,6	1,08	1,52	35
6	2,74	65,2	97,4	1,41	1,58	42
7	3,68	75,2	97,2	1,73	1,65	49
8	4,73	84,5	97	2,03	1,72	56
9	5,86	93	96,8	2,21	1,77	63
10	7,05	100,7	96,6	2,46	1,82	70
11	8,28	107,6	96,39	2,69	1,88	77
12	9,54	113,6	96,16	2,9	1,94	84
13	10,82	118,9	95,89	3,04	2	91
14	12,09	123,4	95,6	3,21	2,06	98
15	13,36	127,2	95,3	3,4	2,12	105
16	14,6	130,4	95	3,6	2,19	112
17	15,83	133,1	94,66	3,69	2,26	119
18	17,05	135,3	94,24	3,89	2,34	126
19	18,24	137,2	93,7	4,09	2,42	133
20	19,42	138,7	93,03	4,3	2,51	140
21	20,58	140	92,25	4,5	2,61	147
22	21,72	141,1	91,38	4,72	2,71	154
23	22,85	141,9	90,44	4,93	2,82	161
24	23,96	142,6	89,45	5,13	2,93	168

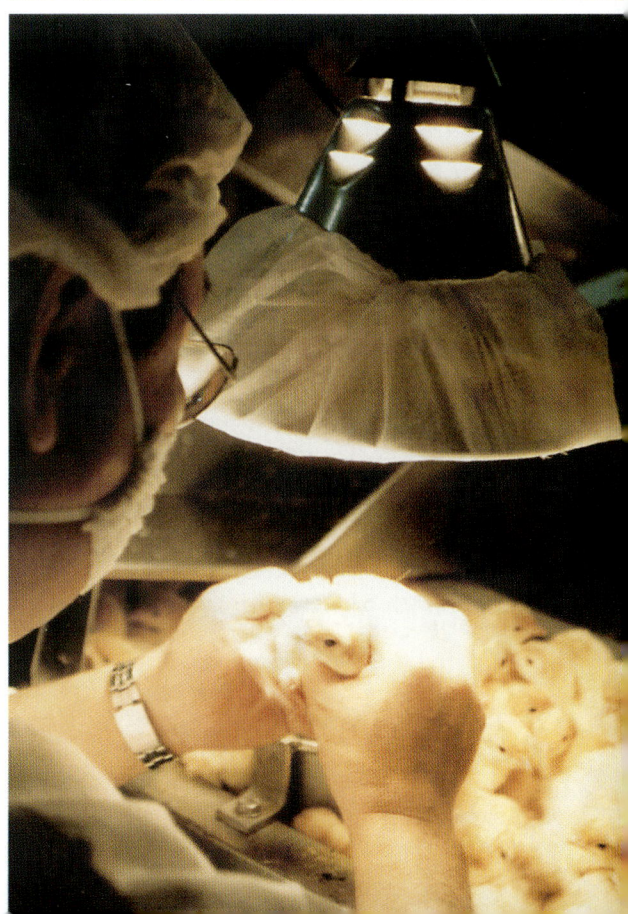

Tab. 6. Big 6 Hennen Gewicht, Futterverbrauch und Futterverwertung

Alter (Wochen)	Lebendgewicht (kg)	kumul. tägl. Gewichtszunahme (g / Tag)	Überlebensrate (%)	wöchentl. Futterverbrauch (kg)	wöchentl. kumul. Futterverwertung	Alter (Tage)
1	0,15	22,1	98,5	0,14	0,94	7
2	0,35	25,3	98,2	0,29	1,23	14
3	0,65	31	98	0,46	1,39	21
4	1,05	37,5	97,8	0,68	1,51	28
5	1,56	44,7	97,62	0,88	1,58	35
6	2,19	52,1	97,46	1,14	1,65	42
7	2,91	59,3	97,31	1,4	1,73	49
8	3,7	66	97,16	1,65	1,81	56
9	4,53	71,9	97,01	1,78	1,87	63
10	5,38	76,9	96,86	1,97	1,94	70
11	6,24	81	96,71	2,14	2,02	77
12	7,08	84,3	96,56	2,29	2,11	84
13	7,91	87	96,41	2,4	2,19	91
14	8,72	89	96,26	2,53	2,28	98
15	9,5	90,5	96,1	2,64	2,38	105
16	10,25	91,5	95,93	2,75	2,48	112
17	10,97	92,1	95,74	2,76	2,57	119
18	11,64	92,4	95,55	2,84	2,67	126
19	12,27	92,2	95,35	2,92	2,78	133
20	12,85	91,8	95,15	3,01	2,89	140

Oben:
Neubau eines Putenaufzuchtstalles für 18000 Tiere.

Mitte:
Aufzuchtstall mit Kükenringen. Je Ring werden ca. 250 Tiere eingestallt.

Unten:
Kükenring aus Maschendraht unmittelbar vor der Kükeneinstallung.

sind unabdingbar für sehr gute Mastleistungen. Der Mastverlauf sollte durch Probewiegungen alle drei bis vier Wochen dokumentiert werden. Heute gibt es auch automatische Wägeeinrichtungen im Stall, die die täglichen Gewichtszunahmen erfassen und so einen genauen Mastverlauf dokumentieren. So läßt sich während des Mastdurchgangs ein nicht optimaler Verlauf erkennen und es kann ggf. eingriffen werden. Die Tabellen 5 und 6 sollen den optimalen Verlauf einer Mast aufzeigen.

4 Futter und Fütterung

Die Ernährung der Puten stellt einen der wichtigsten Einflussfaktoren auf optimale Mastendgewichte dar. Nicht allein der im Futter enthaltene Anteil an Nährstoffen ist ausschlaggebend für den Erfolg, sondern auch eine appetitliche Präsentation, sehr gute Presslinge mit ansprechender Farbe und Geruch, ja sogar die Farbe der Futterautomaten.

Das Futter für die Eintagsküken sollte hellgelb sein, d. h. einen hohen Anteil an Mais und Weizen aufweisen, ergänzt mit Sojaextraktionsschrot.

Tab. 7. 6-Phasen-Putenmast RAM-Konzept

Sortenbezeichnung		Putenstarter P1 RAM	Putenmittelmast P2 RAM	Putenmittelmast P3 RAM	Putenmittelmast P4 RAM	Putenmittelmast P5 RAM	Putenendmast P6 RAM
Einsatzperiode	Woche		3.–5. Woche	6.–9. Woche	10.–13. Wo.	14.–17. Wo.	18. Woche bis Mastende
	kg	♀ 0,30 ♂ 0,30	♀ 2,0	♀ 6,0 ♂ 6,5	♀ 8,5 ♂ 10,0	♀ 10,5 ♂ 12,0	♂ 19,0
Struktur/Pellets		2 mm granuliert/fein geschnitten	2 mm	3 mm	3 mm	3 mm	3 mm
Energie MJ ME kg	MJ	11,40	11,60	12,00	12,30	12,60	13,00
Rohprotein	%	28,00	26,00	22,50	20,00	18,00	15,00
Methionin	%	0,62	0,60	0,52	0,47	0,38	0,35
Rohfett	%	4,00	4,20	4,80	5,80	6,20	7,50
Rohfaser	%	4,00	3,80	4,00	4,00	3,70	3,50
Rohasche	%	8,50	8,00	6,00	5,50	5,20	5,00
Calcium	%	1,40	1,30	0,80	0,75	0,70	0,65
Phosphor	%	0,95	0,90	0,60	0,55	0,50	0,45
Natrium	%	0,15	0,14	0,14	0,14	0,14	0,15
Vitamin A	IE	18 000	18 000	18 000	18 000	12 000	12 000
Vitamin D	IE	4 000	4 000	4 000	4 000	2 750	2 750
Vitamin E	mg	80	80	60	60	60	60
Kupfer	mg	15	15	15	15	15	15
Avatec	mg	105	105	105	90	–	–
Phytase	mg	–	–	500	500	500	500
Enzyme		×	×	×	×	×	×
Preis per 100 kg frei Silo							

Zu Beginn der kommerziellen Putenmast wurde das Starterfutter noch in Mehlform angeboten. Heute lässt sich sagen, dass die beste Struktur für das Starterfutter sehr kurz abgeschnittene Pellets von 1,8 bis 2 mm Länge darstellen. Die Pellets sollten in roten Anfütterungspiquets angeboten werden. Es werden mindestens drei Piquets auf 250 Küken aufgestellt. Sie werden auf Eierhöcker platziert, damit sie nicht so schnell mit Hobelspänen und Kot verunreinigt werden. Die rote Farbe für die Futterautomaten ist deshalb so wichtig, weil sie eindeutig besser angenommen wird als andere Farben.

Wegen der meistens in der Brüterei mittels Laser gebrannten Schnäbel der Küken sollte der Futterstand in den Automaten stets mehrere Zentimeter hoch sein, damit nicht nur kleinere Futterreste vom harten Schalenboden aufgepickt werden brauchen. Die Futter- und Tränkegefäße müssen im Kükenring gleichmäßig um den Strahler verteilt werden. Wird der Ring nach fünf bis sieben Tagen aufgelöst, „wandert" der Anfütterungsautomat in den folgenden Tagen immer näher an die Futterbahn heran.

Diese Details in den ersten Aufzuchttagen werden deshalb hier angesprochen, weil sie sehr wichtig sind und ein Auseinanderwachsen der Herde während der Aufzuchtphase verhindert werden muss. In der Praxis werden im Durchschnittsgewicht einer Herde männlicher Puten am 28. Tag oft Unterschiede von bis zu 400g festgestellt – resultierend aus den Faktoren mehliges Krümelfutter, grüne oder blaue Anfütterungsautomaten, mit Hobelspänen und Kot verunreinigte Tränken und unfachmännisch ausgeführtes Schnabelstutzen. Diese bereits in der Aufzucht „geschädigten" Tiere können am Mastende sogar ein um 2 kg niedrigeres Endgewicht aufweisen.

Die Versorgung der Puten mit essenziellen Aminosäuren, Mineralien, aber auch mit einem angepassten Protein- und Energiegehalt im Futter sind Garant für einen optimalen Brustfleischzuwachs. Ein um 1 % höherer Brustfleischzuwachs rechtfertigt einen 10 % höheren Futterpreis! In der Tabelle sind die Eckdaten für ein erfolgreiches Putenfütterungsprogramm aufgeführt.

Dem Futter der Phase 1 bis 4 sollte ein Coccidiostatikum untergemischt sein, da sich die Gefahr einer Ansteckung mit dieser Krankheit über einen Zeitraum von drei Monaten erstreckt. Aus diesem Grunde sollten auch in dieser Zeit keine Experimente mit den Futterkomponenten und -sorten gemacht werden.

4.1 Intensiv oder extensiv mästen?

Ab der 12. Woche können zu einem Anteil Grundfutter der Sorte P5/P6 bzw. spezielles Ergänzungsfutter durchaus Futtereinzelkomponenten, wie Mais, CCM und Weizen, auch unvermahlen, in Größenordnungen bis zu 30 % zugefüttert werden. Die Reihe der Versuchsanstellungen zu diesem Thema ist zurzeit noch nicht abgeschlossen, so dass eine optimale Empfehlung noch nicht gegeben werden kann.

Tendenziell ist festzustellen, dass eine Maisbeifütterung zu besseren Ergebnissen führt, als eine Weizenbeifütterung. Die gleichen Endergebnisse wie Gewicht und vor allem Brustgewichtsanteil werden im Vergleich zum Fertigfutter aber nicht erreicht.

Im Gegensatz zur extensiven Haltung mit kombinierter Grünland-Stallhaltung mit Grasaufnahme, Getreide- und Putenfertigfutterfütterung werden sich die Mastformen mit individuell zusammengestellten Futterrationen aus Gründen der Qualitätssicherung nicht durchsetzen können. Bei der extensiven Mast hat der Schlachtkörper eine sehr unterschiedliche Zusammensetzung und weist besonders auch Farbabstufungen des Fleisches auf, mit der Folge, dass diese Tiere vom Vermarkter nicht unter den üblichen Qualitätskriterien abzusetzen sind.

Für die extensive Haltung kann als Masteigenmischung die folgende Futterzusammenstellung gewählt werden.

Tab. 8. Masteigenmischung für die extensive Haltung	
ca. 60–70 %	Mais/Weizen in veränderlichen Anteilen
bis 5 %	Triticale
bis 5 %	Roggen
bis 5 %	Gerste
ca. 20 %	Sojaextraktionsschrot 44/7
bis 7 %	Erbsen oder Ackerbohnen
ca. 2 %	Geflügelendmastvormischung

Von den Getreidearten hat der Mais den höchsten Energiewert sowie ein günstiges Fettsäuremuster und unterliegt eigentlich keiner Mengenbegrenzung. Weizen dagegen hat einen etwas niedrigeren Energiewert, dafür aber mehr Protein. Der Anteil in einer Ration sollte 50 % nicht überschreiten. Die anderen Getreidearten sind wegen ihrer zum Teil unverdaulichen Gerüstsubstanzen mengenmäßig eher unbedeutend für die Putenfütterung.

Als vorrangige Proteinquelle eignet sich das Sojaextraktionsschrot am besten, in geringen Anteilen auch Fischmehl und Leguminosen, wie Erbsen und Ackerbohnen. Zur Vitaminisierung und Mineralisierung verwendet man am besten eine Fertigmischung für Mastgeflügel. Es ist darauf zu achten, dass Fertigmischungen verwendet werden, die für Puten verträglich sind.

4.2 Fütterung der Hähne

Das Futter ist der größte Kostenfaktor in der Putenmast. Deshalb ist ein besonderes Augenmerk darauf zu richten, dass keine Futtervergeudung (besonders durch die Hähne) stattfindet. Man stellt die richtige Höhe des Futterstandes bzw. der Futterbahn auf die Rückenhöhe der Hähne ein. Der Futterstand in der Schale sollte 3 bis 4 cm betragen, da sonst zu viel mehlhaltiger Abrieb beim Picken auf dem hohen Futterstand in der Schale entsteht. Dieses Mehl wird nicht gerne aufgenommen.

Ein grober Anhaltspunkt bei der Berechnung einer benötigten Futtermenge für einen Zeitraum lässt sich anhand folgender Formel errechnen:

(Alter der Tiere in Wochen + 1) × 20
ergibt
g /Futter/Tier/Tag bei der Henne

Zu diesem errechneten Wert zählt man beim Hahn ca. 30 % hinzu.

Beispiele:

Hennen, 15 Wochen alt, 3000 Tiere, werden in 10 Tagen geschlachtet:
(15 + 1) × 20 × 3000 × 10
ergibt 9600 kg

Hähne, 20 Wochen alt, 3000 Tiere, werden in 14 Tagen geschlachtet:
$(20 + 1) \times 20 \times 3000 \times 14$
ergibt 17 640 kg + 30 %
ergibt ca. 23.000 kg

Bei extremer Hitze brauchen die 30 % nicht hinzugerechnet, eher muss die Menge etwas gekürzt werden.

Hähne reagieren aufgrund ihres enormen Wachstumspotentials und Endgewichts recht positiv auf eine zusätzliche Mineralstoffgabe. Besonders nach Infektionen und Krankheiten wird durch einen erhöhten Wasserverbrauch der Stoffwechsel der Tiere gestört. Gerade Mineralstoffe wie Kalzium und Magnesium sind verantwortlich für einen einwandfreien Stoffwechsel. Verabreicht man den Hähnen fünf- bis sechsmal zusätzlich während der Mast reines Kalzium und Magnesium, kommt es zu einer Anregung des Stoffwechsels und damit zu vitaleren Tieren und höheren Mastendgewichten.

4.3 Fütterung der Hennen

Die Mast der Putenhennen verläuft im allgemeinen unproblematischer als die der Hähne. Für die Fütterung benutzt man die Schalen des Aufzuchtsstalles. Allerdings neigen die Hennen genau wie die Hähne zur Futtervergeudung, wenn die Höhe der Futterbahn nicht richtig eingestellt ist. Eine um 1/10 schlechtere Futterverwertung, z. B. durch Futtervergeudung, bedeutet je 15 kg erzeugtes Putenfleisch um ca. € 0,45 höhere Kosten pro Tier.

Dies hat einen sehr hohen Einfluss auf die Rentabilität und muss daher unbedingt vermieden werden.

Man sollte ausschließlich Futter von höchster Qualität einkaufen und nicht nur über den Preis entscheiden. Unterschiede in den Futterverwertungen von 1/10 von Hersteller zu Hersteller sind keine Seltenheit.

5 Vorbeugende Hygienemaßnahmen

Grundvoraussetzung für alle hygienischen Bemühungen zur Verhütung und Bekämpfung von Krankheiten sind Reinigung und Desinfektion. Basis für eine erfolgreiche Desinfektion ist die vorherige gründliche Reinigung.

5.1 Reinigung und Desinfektion

Die Deutsche Veterinärmedizinische Gesellschaft (DVG) hat Richtlinien zur Prüfung von chemischen Desinfektionsmitteln geschaffen. Ein breites Wirkspektrum, schnelle und sichere Wirkung, keine Gefahrenquelle für den Anwender und die später eingestallten Tiere, gute Materialverträglichkeit, schneller Abbau in der Umwelt, kein zu intensiver Geruch und ein angemessener Preis sind Voraussetzungen zur Aufnahme in die DVG – Desinfektionsmittelliste. Die Wirksamkeit von diesen Mitteln kann durch ungenügende Reinigung, hohe Restwassermengen, raue und rissige Oberflächen und zu niedrige Anwendungsmengen je Quadratmeter Stallfläche beeinträchtigt werden.

5.1.1 Stall und Geräte

Nach Ausstallung der Puten sollte der Mist sofort entfernt und mindestens 500 m, besser 1000 m vom Stall entfernt gelagert oder ausgebracht werden, um das Risiko einer Reinfektion zu verhindern. Wenn möglich, ist die Windrichtung dabei zu berücksichtigen. Danach müssen alle Oberflächen im Stall mit Wasser eingeweicht werden. Im Anschluss erfolgt mit dem Hochdruckreiniger eine Nassreinigung. Die chemische Desinfektion kann erst beginnen, wenn kein Restwasser mehr im Stall ist. Je Quadratmeter Stallfläche sind 0,4 Liter der gebrauchsfertigen Desinfektionslösung auszubringen. In besonderen Fällen kann eine zusätzliche Stallbegasung mit Formaldehyd erfolgen. Den Wirkungsgrad von Desinfektionsmitteln kann man erhöhen, wenn man während der Desinfektionsphase den Stallraum auf 25–30 °C aufheizt (besonders im Winter). Dadurch werden die Mikroorganismen (Bakterien, Protozoen etc.) zur Teilung angeregt und empfindlicher gegenüber Desinfektionsmitteln. Einige Desinfektionsmittel benötigen sogar bestimmte Mindesttemperaturen (Kältefehler), um ihre Wirksamkeit zu entfalten.

In die Reinigung und Desinfektion müssen auch Vorraum, Gerätschaften, Stallkleidung, Transportfahrzeuge oder mobile Trennwände einbezogen werden. Eine regelmäßige Bekämpfung von Schadnagern, Käfern, Milben und Fliegen muss ebenfalls erfolgen. So ist es möglich, alle unerwünschten Mikroorganismen aus dem Stall zu entfernen. Wichtig! Die Desinfektion ist lediglich das i-Tüpfelchen auf die Reinigung! Mit der Reinigung ist unmittelbar nach der Ausstallung der letzten Tiere zu beginnen, um nach der Reinigung und Desinfektion bis zur Neueinstellung den Stall möglichst lange leer stehen zu lassen.

Reinigung und Desinfektion | 39

Kadavercontainer abseits vom Stallbereich deponiert.

Selbst gebastelte Schiebkarre zur Reinigung der Tränken. Das schmutzige Tränkewasser wird in den Kunststoffbehälter gegossen, um die Einstreu zu schonen.

Erfahrungsgemäß sind die gesundheitlichen Probleme auf Betrieben mit unterschiedlichen Altersgruppen größer. Wenn irgend möglich, sollte nur eine Altersgruppe auf dem Betrieb gehalten werden. Erfolgen Aufzucht und Mast zeitlich gemeinsam auf dem Betrieb, ist eine getrennte personelle Betreuung notwendig. Nur so ist die Verschleppung von Infektionen zu minimieren. Vor den Stallungen sind Desinfektionswannen für die Arbeitsstiefel zu platzieren. Betriebseigene Schutzanzüge und auch Stiefel sind sowohl vor als auch während der Aufzucht- und Mastperiode regelmäßig zu reinigen und zu desinfizieren.

Verendete Tiere sind bis zur Abholung vom Betrieb in wasserdichten und oben verschließbaren Kadaverbehältern zu lagern. Die Behälter sind auf dem Betriebsgelände so zu platzieren, dass das abholende Fahrzeug keine direkte Nähe zu den Tieren bekommt. All diese Maßnahmen sind erfahrungsgemäß mit viel Zeit und Kosten verbunden und werden deshalb oft nicht konsequent eingehalten.

5.1.2 Das Trinkwasserleitungssystem

Eine besondere Bedeutung im Rahmen der Desinfektion ist dem Trinkwasserleitungssystem beizumessen. Es ist nach jeder Ausstallung gründlich zu reinigen und anschließend mit Desinfektionslösung zu spülen. Ein sich durch Wasserablagerungen und durch Trinkwasserbehandlungen aufbauender sogenannter Biofilm muss aus den Leitungen entfernt werden. Nach Reinigung und Desinfektion ist es zwingend notwendig, das Trinkwasserleitungssystem mit viel klarem Wasser (auch den Vorablaufbehälter) zu spülen. Putenküken sind extrem empfindlich gegen Reste von Desinfektionsmittel.

6 Immunprophylaktische und therapeutische Möglichkeiten

Vögel, Säugetiere und natürlich auch der Mensch leben von Geburt an in einer keimhaltigen Umwelt und müssen sich mit ihr, besonders mit den krankmachenden Erregern, zeitlebens auseinandersetzen. Deshalb sind alle höheren Lebewesen, aber auch bereits alle einzelligen Lebensformen, von primitiven bis hin zu hochkomplexen Abwehrmechanismen ausgerüstet, um ein Überleben in ihrer mit Feinden gespickten Umwelt zu ermöglichen. Dieses komplizierte System heißt „Immunabwehr".

6.1 Immunprophylaxe

Der Begriff Immunprophylaxe umfasst alle Maßnahmen, die das körpereigene Abwehrsystem gegenüber bestimmten Infektionserkrankungen aktivieren. Für die Prophylaxe stehen inaktivierte, sogenannte Todimpfstoffe und abgeschwächte gefriergetrocknete Lebendimpfstoffe zur Verfügung.

Die inaktivierten Todimpfstoffe müssen unter die Haut (subkutan) oder tief in die Muskulatur (intramuskulär) injiziert werden. Bei unsachgemäßer Durchführung können am Injektionsort örtlich begrenzte Entzündungen auftreten.

Die abgeschwächten Lebendimpfstoffe können auf unterschiedlichem Wege verabreicht werden. Am geläufigsten ist die orale Anwendung über das Trinkwasser. Es handelt sich um abgeschwächte lebende Erreger, die nach dem Auflösen im Wasser nur wenige Stunden lebensfähig sind. Gegenüber unsachgemäßer Behandlung während ihrer Lagerung oder verunreinigtem Tränkewasser sind sie sehr empfindlich. Um sicherzustellen, dass alle Tiere bei der Trinkwasserimpfung genügend Impfstoff mit dem Wasser aufnehmen, muss die Herde vor der Impfung ca. zwei Stunden dursten. In dieser Zeit sind Tränken und Vorlaufbehälter sorgfältig mit klarem Wasser zur reinigen. Der Lebendimpfstoff wird unmittelbar vor dem Verimpfen unter Sauerstoffausschluss (unter Wasser) geöffnet. Der Impfstoff wird im Wasser durch eine Zugabe von Milcheiweiß (10–20 ml fettarme H-Milch oder 1–2 g Sprühmolke je Liter Trinkwasser) stabilisiert. Das Impfstoff-Wassergemisch wird entweder direkt in die Tränken geschüttet oder indirekt über einen Vorlaufbehälter zu den Tränken geführt. Die Wassermenge soll so berechnet sein, dass nach etwa zwei Stunden die Impflösung vollständig aufgetrunken ist.

Eine weitere Applikationsform ist die Sprayimpfung. Die Verabreichung von Impfstoffen als Spray erfolgt entweder in der Brüterei oder auf der Geflügelfarm. Die Küken werden entweder bereits in ihren Transportkisten mit einem feinen Sprühnebel übersprüht oder später nach dem Einstallen der Tiere. Die Endtröpfchengröße ist eines der wichtigsten Kriterien für eine erfolgreiche Impfung per Aerosol. Tröpfchen mit einem Durchmesser von weniger als 5 µm können bis in den unteren Atmungstrakt einschließlich der Lungen und Luftsäcke eingeatmet werden und zu unerwünschten Impfreaktionen führen. Spezielle Sprühgeräte (Atomisten) sind in der Lage, diese Tröpfchengröße durch eine stufige Düseneinstellung (grob, mittel, fein) zu gewährleisten.

Drei bis vier Wochen nach der Impfung kann der Erfolg einer Impfung bestimmt werden. Durch die serologische Messung der Antikörperhöhe im Blut von mindestens zwanzig Impflingen ist eine Kontrolle auf korrekte Impfdurchführung möglich. Nur bei genügender Sorgfalt wird vom Tier ein ausreichend belastbarer Impfschutz ausgebildet.

6.2 Impfprogramme

Die Impfprogramme müssen der jeweiligen Seuchensituation, der Nutzungsrichtung, der Betriebsstruktur und den gesetzlichen Bestimmungen angepasst sein. In Tabelle 9 wird ein gängiges Impfprogramm der intensiven Putenhaltung in Nordwest-Deutschland dargestellt. Bei allen Impfungen handelt es sich um Lebendimpfstoffe. Bis auf die Spray-Impfung am ersten Tag erfolgen alle anderen Impfung über das Trinkwasser. Als weitere flankierende Impfmaßnahmen können auch noch bakterielle Inaktivatimpfstoffe zum Einsatz kommen. Die Möglichkeiten und die Zeitpunkte der Impfung sind in den einzelnen zugehörigen Krankheitskapiteln ausführlicher beschrieben.

6.3 Diagnostik

Um die vorhandenen und zukünftigen Krankheitsprobleme zu bewältigen, ist die diagnostische Untersuchung von erkrankten oder frisch verendeten Puten sowie die weiterführende bakteriologische und virologische Untersuchung unumgänglich. Die im ersten Anschein recht ähnlich oder sogar gleich anmutenden Krankheitsbilder und Symptome sind dadurch einer Ursache zuzuordnen. Aus Organproben von erkrankten oder verendeten Tieren kann eine bakteriologische Erregeranzüchtung erfolgen. In einem Resistenztest wird anschließend die Empfindlichkeit gegenüber bakteriologisch wirksamen Substanzen getestet. Die Wirksamkeit der Behandlung wird dadurch abgesichert.

Tab. 9. Impfplan für Mastputen

Alter	Impfung	Art des Impfstoffes	Applikationen
1. Tag	1. TRT*	Lebend	Grobspray
3. Woche	2. TRT	Lebend	TW
4. Woche	1. ND	Lebend	TW
5. Woche	HE	Lebend	TW
7. Woche	2. ND	Lebend	TW
8. Woche	3. TRT	Lebend	TW
11. Woche	3. ND	Lebend	TW
14. Woche	4. TRT**	Lebend	TW
16. Woche	4. ND**	Lebend	TW

* Sprayimpfung in der Brüterei oder bei der Einstallung; ** nur Hähne;
TRT: Turkey Rhinotracheitis; ND: Newcastle Disease: HE: Hämorrhagische Enteritis; TW: Trinkwasser

In zunehmendem Maße findet man Bakterien, die bereits viele Resistenzen gegenüber den gebräuchlichen Antibiotika ausgebildet haben.

Wird keine Erregeranzüchtung eingeleitet, kann durch serologischen Nachweis von Antikörpern im Blutserum die Ursache der Erkrankung ermittelt werden. Zwei bis drei Wochen nach einer stattgefundenen Infektion können mittels Serum-Schnell-Agglutination (SSA), Serumneutralisation (SNT), Hämagglutinationshemmung (HAH) Agargeldiffusion (AGP) oder Enzyme-linked-Immunosorbent-Assay (ELISA) bestimmte Antikörper nachgewiesen werden. Im Gegensatz zu Virusinfektionen haben antibiotische Behandlungen bei bakteriellen Infektionen einen Einfluss auf die Antikörperbildung. Durch eine antibiotische Herdenbehandlung wird der infektionsauslösende bakterielle Erreger abgetötet. Von den vor der Behandlung infizierten Tieren werden Antikörper gebildet. Aber durch die Unterbrechung der Infektionskette wird nicht allen Tieren die Möglichkeit einer Immunisierung gegeben. Deshalb müssen möglichst viele Blutproben (> 20) von Tieren aus der Herde genommen und untersucht werden um eine sichere Aussage treffen zu können.

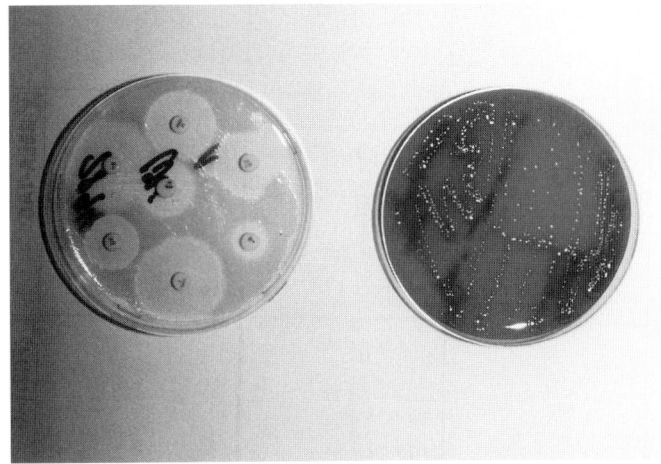

Blutplatte mit Pasteurellen (rechts) und das Ergebnis des Resistenztestes (links) des Erregers.

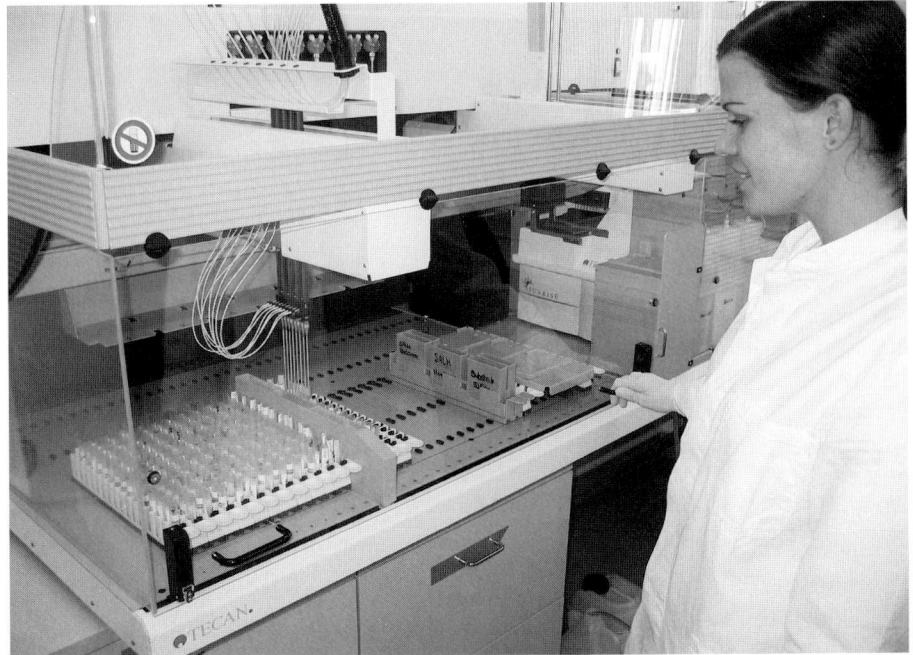

ELISA-Untersuchung (Enzyme-linked immuno sorbent assay): Mit moderner Untersuchungstechnik können auch größere Mengen Blutproben schnell untersucht werden.

Soll im Rahmen der Diagnostik eine Virusanzüchtung erfolgen, sind speziell dafür ausgerüstete Labore einzuschalten.

Die genaue Diagnosestellung und die anschließende Therapie der Erkrankung ist nur in gut ausgebildeten und ausgerüsteten Geflügelfachpraxen möglich. Sie verfügen über den aktuellen wissenschaftlichen Kenntnisstand, die notwendigen langjährigen Erfahrungen und das regionale und auch überregionale Wissen, welches eine situationsangepasste Versorgung des Bestandes sicherstellt.

Immer größer werdende Geflügelbestände, geringer werdende Margen, höhere Qualitätsansprüche und die Berücksichtigung des vorbeugenden Verbraucherschutzes erfordern und rechtfertigen gleichzeitig die Kosten durch Diagnostik. Der verbesserte Behandlungserfolg, der sich durch gleichmäßigere Endgewichte und eine bessere Futterverwertung und Schlachtkörperqualität widerspiegelt, garantiert die Rentabilität der anfänglichen Diagnostik. Im Frühstadium erkannte Krankheiten bedeuten geringeren Schaden und geringere Behandlungskosten.

6.4 Therapie

Um eingedrungene bakterielle Erreger im Tierkörper zu beseitigen, stehen Medikamente mit antibiotischer Wirkung zur Verfügung. Die Gruppe der Antibiotika wird durch Stoffe gebildet, die von Pilzen oder Bakterien gebildet werden und das Wachstum von Bakterien hemmen (bakteriostatisch, z. B. Sulfonamide) oder diese abtöten (bakteriocid, z. B. Penicilline). Eine andere Gruppe bilden die synthetisch hergestellten Chemotherapeutika.

Ein wichtiger Vertreter dieser Gruppe ist der Gyrasehemmer Baytril. Die Behandlung des Geflügels erfolgt entweder über Futter oder Trinkwasser.

6.5 Futterbehandlungen

Die Futtermedikation ist in der Putenhaltung sehr selten. Das Einmischen von Medikamenten ins Futter ist nur in Futtermühlen erlaubt, die die Auflagen des §13 der Arzneimittelgesetzes erfüllen. Um den Status nach §13 des Arzneimittelgesetzes zu erlangen, mussten die Futtermühlen hohe Investitionskosten tätigen, um die Gefahr von Verschleppungen auszuschließen. Deshalb ist die Einmischung ins Futter mit zusätzlichen Kosten für den Kunden verbunden. Auch wird auf das gesamte Futter bei einer Medikamenteneinmischung der vollständige Mehrwertsteuersatz erhoben, was für landwirtschaftlich optierende Betriebe zusätzliche Kosten bedeutet.

6.6 Trinkwasserbehandlung

Gängig ist die Behandlung über das Trinkwasser. Dazu stehen sogenannte Dosierpumpen oder Vorlaufbehälter zur Verfügung. Die Dosierpumpe sollte mindestens eine 5%ige Zudosierung zum Trinkwasser ermöglichen, um eine bessere Medikamentenlöslichkeit zu erhalten und mögliche Dosierungsungenauigkeiten zu verringern. Dem Vorlaufbehälter ist aber, wenn genügend Platz im Vorraum vorhanden ist, aufgrund seiner Dosiergenauigkeit und besseren Medikamentenlöslichkeit der Vorzug zu geben. Die Größe des Vor-

Vorbildlich gereinigter und aufgeräumter Vorraum mit Trinkwasserbehälter.

laufbehälters ist so zu wählen, dass bei Schlachttieren eine Wasserversorgung für acht bis zwölf Stunden möglich ist.

Die Vorteile einer Trinkwasserbehandlung sind ein sofortiger Behandlungsbeginn, eine variable tägliche Dosierung und ein schneller Therapiewechsel bei ausbleibendem Behandlungserfolg. Nachteile sind mögliches Tränkeverstopfen bei Medikamenten mit schlechter Löslichkeit und eine verringerte Trinkwasseraufnahme der Tiere bei Medikamenten mit extrem bitterem Geschmack. Wie nach dem Essen das anschließende Zähneputzen nicht vergessen werden darf, ist auch nach jeder Medikamentenbehandlung eine Reinigung des Trinkwasserleitungssystems notwendig. Mögliche Medikamentenablagerungen und der Befall des Leitungssystems mit Pilzen und Algen wird so verhindert.

7 Die wichtigsten Putenkrankheiten

Wie bei den Säugetieren kommen auch beim Geflügel eine Vielzahl von infektiösen Krankheitserregern vor. Einige Erreger sind nur für die Pute infektiös (wie z. B. HE,
 Hämorrhagische Enteritis), andere wiederum können alle Geflügelarten befallen (wie z. B. ND, Newcastle-Krankheit). Grundsätzlich wird zwischen Viren, Bakterien, Pilzen, Protozoen (Einzeller) sowie Endo- und Ektoparasiten unterschieden. Die schädigende Wirkung geht von einfachem Nahrungsentzug (Magen-Darm-Würmer) bis hin zur vollständigen Zerstörung ganzer Organsysteme (Pasteurelleninfektion). Neben den Infektionserkrankungen kommen noch Stoffwechselstörungen, genetisch veranlagte Erkrankungen und diätetische Fehlversorgungen vor. Häufig sind die äußerlich wahrnehmbaren Symptome sehr ähnlich und erschweren dadurch die Diagnostik. Blutserologische Untersuchungen und bakteriologische Erreger-Isolierungen sind zusätzliche Hilfsmittel, um die Ursachen für die Störungen zu finden. Nachfolgend sind die wichtigsten Putenkrankheiten aufgeführt.

7.1 Virusinfektionen

Viren sind die kleinsten Infektionserreger. Ohne Hilfe ihres Wirtsorganismus sind sie nicht fähig, sich zu vermehren. Sie können behüllt und unbehüllt sein. Auf Antibiotikabehandlungen sprechen sie nicht an. Ihre schädigende Wirkung liegt in der Zerstörung der Wirtszelle. Dadurch können ganze Organsysteme zerstört werden oder Eintrittspforten für bakterielle Sekundärinfektionen entstehen. Sie hinterlassen gute Immunitäten. In diesem Abschnitt werden alle für die Pute bedeutsamen Viruserkrankungen beschrieben.

7.1.1 Aviäre Influenza (AI)

Die Influenza-Infektion ist sowohl unter den Menschen als auch unter vielen Haus- und Wildtierarten weit verbreitet. Die aviäre Influenza wurde erstmals 1878 in Norditalien als klassische Geflügelpest erwähnt. Wissenschaftliche Untersuchungsergebnisse haben mittlerweile eine enge Wechselbeziehung zwischen den humanen und tierpathogenen Influenzaviren aufgedeckt. Aviäre Influenza −A-Viren insbesondere der Subtypen H5 und H7 mit einem hohen Pathogenitätsindex gelten als Verursacher der „Klassischen Geflügelpest" und unterliegen der Anzeigepflicht. International spricht man von „Hoch Pathogener Aviärer Influenza" (HPAI).

Influenzaviren sind durch eine Antigendrift und eine Antigenshift in der Lage, sich so zu verändern, dass sie vom Immunsystem nicht mehr erkannt werden. Die so neu entstehenden Influenzaviren besitzen einen Vermehrungsvorteil innerhalb einer immunen bzw. teilimmunen Population.

Die Erkrankung tritt hauptsächlich in Gebieten mit hoher Geflügeldichte entlang den Hauptflugrouten von Zugvögeln auf. Dem Wassergeflügel kommt bei der Verbreitung der Influenza eine besondere Bedeutung zu. Die Vögel erkranken nicht, scheiden aber hochgradig Influenzaviren mit dem Kot aus. Das Wassergeflügel gilt daher als Erregerreservoir. Für Influenzainfektionen mit dem Subtypen H1 und H3 ist das Hausschwein als Erregerreservoir anzusehen.

Empfänglich für Influenza sind generell alle Vogelarten (Huhn, Pute, Ente, Gans, Perlhuhn, Wachtel, Fasan, Taube, Seeschwalbe, Möwe, Schwan, Krähe, Reiher, Sperling, Psittaciden, etc.) und viele Säuger (Pferd, Schwein, Mensch, Seehund, Affe, Hund, Rind etc.). Influenzaviren sind sehr spezifisch. Bei Puten befällt der Erreger die oberen und unteren Atemwege.

Die Einschleppung in den Bestand erfolgt über latent infizierte Tiere, über Kontakt mit erregerhaltigen Exkrementen (z. B. Kot), mit kontaminierten technischen Ausrüstungsgegenständen (z. B. Streumaschine, Verladerampe etc.) oder über die Luft. Die Inkubationszeit liegt zwischen 3 und 10 Tagen.

Das klinische Erscheinungsbild der Influenzainfektion ist akut bis perakut. Je nach vorliegendem Subtyp sind die Symptome unterschiedlich ausgeprägt. Neben einer Störung des Allgemeinbefindens sind respiratorische Erscheinungen wie Niesen, Augen- und Nasenausfluss, Kopfschwellungen und Sinusitis (Eulenkopf) zu beobachten. Viele Tiere haben eine deutliche Schnabelatmung und ringen sichtbar nach Luft. Durch Risse in den Luftsäcken kann es zu einer Haubenbildung auf dem Kopf und in extremen Fällen zu einer schweinsblasenartigen Auftreibung des gesamten Tierkörpers kommen. Die Futter- und Wasseraufnahme sinkt innerhalb weniger Stunden auf bis zu 10 %. Legeputen reagieren mit einem Abfall der Legeleistung, verminderter Eischalenqualität und einer Verschlechterung der Befruchtungs- und Schlupfrate. Je nach vorliegendem Subtyp und bakteriellen Sekundärerregern ist die Sterblichkeitsrate sehr unterschiedlich. Bei hoch pathogenen Stämmen beträgt sie 50 bis 100 %.

In der Sektion findet man je nach Verlaufsform mehr oder weniger stark ausgeprägte Veränderungen im Atmungstrakt. Auf dem Herzen können punktförmige Blutungen wahrgenommen werden. Bei der Beteiligung von bakteriellen Sekundärerregern sind Herzbeutelüberzüge, Leberüberzüge, Luftsackentzündungen und Lungenverhärtungen zu finden.

Therapie und Prophylaxe
Die Bekämpfung einer Influenzainfektion mit hochpathogenen Subtypen, insbesondere H5 und H7, ist durch die Geflügelpestverordnung geregelt. Eine Behandlung ist untersagt und die Tiere werden getötet. Zum Schutz einer weiteren Verbreitung werden sogenannte Sperr- und Beobachtungsgebiete eingerichtet. Die Entwicklung von Impfstoffen ist wegen der Vielfalt der Subtypen sehr kompliziert. In einigen Ländern werden regionsspezifische inaktivierte Impfstoffe eingesetzt. Eine vorbildliche Seuchenhygiene und das betriebliche Umstellen auf eine Altersgruppe sind Maßnahmen, um ein Infektionsgeschehen zu vermindern.

7.1.2 Newcastle-Krankheit (ND)

Die Newcastle-Krankheit (Atypische Geflügelpest, ND) ist eine hochansteckende Infektionskrankheit der Hühnervö-

Oben:
Küken ca. drei Stunden nach ihrer Einstallung. Die Tiere sind gleichmäßig gut im Ring verteilt.

Mitte:
Nach einigen Tagen werden jeweils zwei Ringe zusammengeschlossen. Die Küken erhalten dadurch mehr Platz und können sich besser bewegen.

Unten:
Kükenring mit zu hoher Strahlertemperatur. Die Küken meiden die Nähe der Wärmequelle.

gel (Legehennen, Broiler, Puten etc.), die je nach Pathogenität des Erregers zu dramatischen Ausfällen in Geflügelbetrieben führen kann. Der Erreger ist heute weltweit verbreitet und unterliegt in Deutschland der Impfpflicht. Das Virus wird durch die Luft sowie nicht genügend gereinigte und desinfizierte Gerätschaften und Transportfahrzeuge übertragen. Eine Übertragung auf das Küken durch infizierte Bruteier ist ebenfalls möglich. Der Erreger ist im Stall ohne Reinigung und Desinfektion bis zu 6 Wochen überlebensfähig.

Man unterscheidet je nach krankmachender Eigenschaft (Virulenz), schwach bis avirulente (lenthogene), mittelgradig virulente (mesogene) und hochgradig virulente (velogene) Stämme. Die Infektion erfolgt über die Schleimhäute der oberen Atemwege und des Verdauungskanals. Die Virusausscheidung erfolgt mehrere Wochen lang über Kot, Nasen-, Rachen- und Augenflüssigkeit. Die Inkubationszeit beträgt 4 bis 7 Tage. In einigen Fällen auch bis zu drei Wochen.

Das klinische Bild ist abhängig von der Virulenz des Erregers. Es kann bei milden Verlaufsformen lediglich zu verminderter Futter- und Wasseraufnahme und einem trüben Herdenbild führen. Bei akuten Verläufen kommt es zu Allgemeinsymptomen, wie geschlossenen Augen oder gesträubten Gefieder. Die Tiere sitzen mit schnarchenden Atemgeräuschen und offenem Schnabel im Stall. Es kann zu wässrige Durchfällen mit gelbweißem oder gelbgrünem Kot kommen. Häufig wird auch ein Taumeln der Tiere in der Bewegung beobachtet. Die Sterblichkeit kann bis zu 100 % betragen.

Bei der chronischen Verlaufsform treten zentralnervöse Erscheinungen wie Kopfverdrehen und Ruderbewegungen in Seitenlage auf.

In der Sektion fehlen sowohl bei der akuten als auch bei der chronischen Verlaufsform auffällige Organveränderungen. Punktförmige Blutungen in der Luftröhre und der Drüsenmagenschleimhaut können vorhanden sein.

Therapie und Prophylaxe
Die ND ist eine anzeigepflichtige Erkrankung und unterliegt der staatlichen Seuchenbekämpfung. Eine Behandlung ist aus diesem Grunde untersagt. Alle Halter von Hühnern und Puten müssen ihre Tiere von einem Tierarzt regelmäßig gegen die Newcastle-Krankheit impfen lassen. Zur Zeit werden die Puten in intensiven Geflügelgebieten in der 3., 7., 11. und 16. Lebenswoche über Trinkwasser mit ND-LaSota in doppelter Hühnerdosis geimpft. Bei besonderer Seuchengefahr kann die Impfung auch als Spray erfolgen.

7.1.3 Rhinotracheitis (TRT)

Die Rhinotracheitis der Pute (TRT) ist eine akute, hochansteckende Atemwegserkrankung. Verursacht wird sie durch ein Pneumovirus. Das Virus ist Wegbereiter für Sekundärinfektionen. Die Puten sind in jedem Alter für das Virus empfänglich. Der Erreger ist mittlerweile weltweit anzutreffen und richtet einen erheblichen wirtschaftlichen Schaden durch erhöhte Ausfälle, vermehrte Beanstandungen des Schlachtkörpers und erhöhten Medikamentenkosten an. In Elterntierherden fällt die Legeleistung und verschlechtert sich die Eischalenqualität. Der Krankheitsverlauf ist stark von den Haltungs- und Managementbedingungen sowie den vorhandenen Sekundärerregern auf

dem Betrieb abhängig. Masthähnchen und Legehennen sind ebenfalls für das TRT-Virus empfänglich. Nach der Infektion wird eine Immunität ausgebildet.

Das behüllte RNA-Virus tritt in vier verschiedenen Subtypen auf (A-D). Das Virus ist sehr labil gegenüber den gängigen Desinfektionsmitteln. Die Übertragung erfolgt horizontal von Tier zu Tier oder indirekt über Luft, kontaminierte Gegenstände und Personen. Die Krankheit breitet sich innerhalb weniger Tage im Bestand aus. Die Inkubationszeit beträgt 3 bis 6 Tage.

Äußerliche Zeichen einer Infektion sind Niesen, Husten und vermehrter schaumiger Tränenfluss. Einseitig bis beidseitige Schwellung der Nasennebenhöhlen (Sinusitis) mit wässrigem bis eitrigem Nasenausfluss treten ebenfalls auf. Die Krankheitsdauer beträgt ein bis zwei Wochen. Danach klingen die Symptome wieder ab. Die Sterblichkeit liegt zwischen 2 und 35 %.

Verendete Puten haben Schleimansammlungen in der Luftröhre und den Nasenhöhlen. Die Luftsäcke sind mit weißlichen Belägen ausgekleidet. Herzbeutelüberzüge, Leberüberzüge und zum Teil Lungenverhärtungen sind Folgen einer bakteriellen Sekundärinfektion. Die Diagnose erfolgt durch serologischen Antikörpernachweis.

Therapie und Prophylaxe
Verbesserung von Hygiene und Haltungsbedingungen sowie Bekämpfung der bakteriellen Sekundärerreger mit Antibiotika sind die Therapieschwerpunkte. Vorbeugend können die Tiere mit einem TRT-Lebendimpfstoff über Trinkwasser oder als Spray verabreicht geimpft werden. Die TRT-Sprayimpfung in der Brüterei hat sich bewährt. Ein Nachimpfen in der dritten und achten Lebenswoche ist möglich. Elterntiere werden unmittelbar vor Legebeginn mit einem inaktivierten Adsorbatimpfstoff geimpft.

7.1.4 Aviäre Enzephalomyelitis (AE)

Die Aviäre Enzephalomyelitis, auch Zitterkrankheit genannt, ist eine weltweit verbreitete, hochansteckende Virusallgemeinerkrankung, die bevorzugt Küken im Alter von sieben bis zehn Tagen befällt. Es können aber auch Tiere unmittelbar nach dem Schlupf oder im Alter von drei bis sechs Wochen betroffen werden. Diese Störung des zentralen Nervensystems kann bis zu 80 % einer Herde befallen. Normalerweise zeigen aber nur wenige Tiere (bis 5 %) Symptome. Hühnerküken werden stärker befallen als Putenküken. Der Erreger wird entweder über nicht geschützte Küken via Brutei eingeschleppt oder über Kontakte von infizierten zu nicht genügend geschützten Tieren. Normalerweise erhalten die Küken von den Elterntieren schützende maternale Antikörper. Die Inkubationszeit beträgt bei vertikaler Infektion 1 bis 7 Tage, bei horizontaler Infektion 11 bis 16 Tage.

Das klinische Bild zeigt sich durch Bewegungsstörungen, erhöhte Schreckhaftigkeit, Sitzen auf den Sprunggelenken bzw. Lähmungen der Gliedmaßen. In weniger schweren Fällen ist nur ein unsicherer Gang (Stolpern) vorhanden. Die Sterblichkeit kann bis 10 % betragen.

In der Sektion sind keine Organveränderungen zu sehen.

Therapie und Prophylaxe
Eine Therapie ist nicht möglich. Vorbeugend können die Elterntierherden

Oben:
Nachdem Futterbahnen und Tränkelinien hochgefahren worden sind, kann das Einstreuen beginnen.

Mitte links:
Küken neigen dazu, sich gegenseitig zu bepicken. Kleine grüne Plastikscheiben (Durchmesser sollte ca. 3 cm betragen) lenken die Tiere erfolgreich ab. Das Picken beginnt häufig, wenn die ersten weißen Flügelfedern geschoben werden. Die Haut erscheint in dem Bereich leicht rötlich und weckt Interesse bei den Nachbartieren.

Mitte rechts:
Gut entwickelte Putenhähne unmittelbar vor der Schlachtung.

Unten links:
Grüne Jalousien wirken beruhigend auf Puten. Durch ihre Verwendung kann man möglichen Kannibalismus etwas entgegenwirken.

Unten rechts:
Streuen mit Einstreumaschine. Unmittelbar nach dem Umstallen kann ab der 6. Lebenswoche mit der Einstreumaschine gestreut werden. Die Tiere gewöhnen sich sehr schnell an die Geräusche.

in der 10. bis 16. Woche, jedoch spätestens sechs bis acht Wochen vor Legebeginn mit einer Lebendvakzine schutzgeimpft werden. Dadurch ist gewährleistet, dass alle Küken schützende maternale Antikörper erhalten.

7.1.5 Hämorrhagische Enteritis (HE)

Die Hämorrhagische Enteritis (blutige Darmentzündung) ist eine akut verlaufende Adenovirusinfektion, die weltweit in der Putenhaltung anzutreffen ist. Puten sind ab der vierten Lebenswoche für diese Infektion empfänglich. Häufig tritt sie zwischen der 8 und 12 Lebenswoche auf. Neben den blutigen Klecksen und den plötzlichen Todesfällen ist ihre bis zu fünf Wochen anhaltende immunsuppressive Wirkung eine große Gefahr für die Putenhaltung.

Die Übertragung des Erregers erfolgt durch Kontakt mit infizierten Tieren oder durch die Aufnahme von erregerhaltiger Einstreu. Indirekt kann auch eine Übertragung mit kontaminierten Gerätschaften und Personen erfolgen. Das Virus ist gegenüber Desinfektionsmitteln extrem unempfindlich. Deshalb tritt eine Infektion trotz Reinigung und Desinfektion häufig von Durchgang zu Durchgang auf. Die Dauer der Erkrankung beträgt 7 bis 14 Tage. Die Inkubationszeit ist nach oraler oder kloakaler Infektion 5 bis 6 Tage.

Die klinischen Symptome sind plötzliche Todesfälle, blutige Kleckse, hochgradig gestörtes Allgemeinbefinden und blasse Köpfe. Die Schwanzfedern sind durch blutigen Kot verschmutzt. Die Sterblichkeit kann bis zu 40 % betragen.

In der Sektion von verendeten Tieren sind Muskulatur und Organe durch den Blutverlust hell. Im eröffneten Darm findet man eine gerötete bis blutige Darmschleimhaut. Der Darminhalt kann je nach Virulenz des Erregers bis auf seine gesamte Länge mit Blut gefüllt sein.

Therapie und Prophylaxe

Therapeutisch werden Antibiotika mit einer guten Darmwirksamkeit zur Abdeckung der bakteriellen Sekundärinfektionen über Trinkwasser verabreicht. Den Darmblutungen begegnet man mit Vitamin-K-Gaben. Eine zusätzliche Verabreichung von Kalzium und Vitamin D3 ist ratsam, um einer aufkommenden Beinschwäche frühzeitig entgegenzuwirken. Vorbeugend können die Puten zwischen der vierten und fünften Lebenswoche mit einem abgeschwächten Lebendimpfstoff (Dindural-SPF der Firma Merial) über Trinkwasser geimpft werden. Der Impfstoff gibt einen sehr guten Schutz gegen eine Feldinfektion.

7.1.6 Coronavirus-Enteritis

Die Coronavirus-Enteritis ist eine hoch ansteckende, akut verlaufende Erkrankung bei Puten. Sie wird auch als Blaukammkrankheit bezeichnet. Infizierte Tiere scheiden das Virus mit dem Kot über Monate aus. Die Übertragung erfolgt horizontal von Tier zu Tier durch die Aufnahme von virushaltigem Kot. Es erkranken nahezu alle Tiere im Bestand. Nach einer ca. zweiwöchigen Krankheitsdauer tritt eine Immunität ein. Die Inkubationszeit beträgt 1 bis 5 Tage.

Hochgradige klinische Erscheinungen zeigen vor allem Küken und Jungputen. Sie haben ein erhöhtes Wärmebedürfnis und dünnflüssigen Kot. Später haben sie dunkel verfärbte Kopfanhänge (Blaukammkrankheit). Ältere Puten haben oft nur Durchfall und eine reduzierte Futter- und Wasseraufnahme. Die Sterblichkeitsrate ist bei guter Haltung aber gering.

In der Sektion lassen sich keine spezifischen Organveränderungen finden. Der Darminhalt ist auffällig dünnflüssig. Die Harnleiter können sich durch weißliche Ablagerungen (Uratnephrose) abzeichnen.

Neben dem klinischen Erscheinungsbild erfolgt eine gesicherte Diagnose nur im Antigen-ELISA oder durch einen elektronenmikroskopischen Erregernachweis im Darm.

Therapie und Prophylaxe
Eine gezielte Therapie ist nicht möglich. Die Gabe von B- und K-Vitaminen und die Verabreichung eines Antibiotikums über Trinkwasser für die Dauer von einer Woche mindern die wirtschaftlichen Schäden. Großzügig nachstreuen und die Umgebungstemperatur anheben sind weitere flankierende Maßnahmen. Vorbeugende Impfstoffe stehen nicht zur Verfügung.

7.1.7 Lymphoproliferative Krankheit (LPD)

Es handelt sich bei dieser tumorösen Erkrankung der lymphatischen Organe um eine sporadisch nur in der Putenzucht und -mast auftretende aviäre Retrovirusinfektion. Man findet in der Putenhaltung neben dieser lymphoproliferativen Erkrankung auch die erregerseits nicht verwandte Reticuloendotheliose (REV). Die Übertragung von Tier zu Tier gilt als gesichert. Eine Übertragung über das Brutei wird vermutet. Da die Durchseuchung von Herden einen größeren prozentualen Anteil einnimmt als die Anzahl von Herden, die klinische Erscheinungen zeigen, handelt es sich um einen nicht zwingend krankmachenden (fakultativen) Erreger. Die Inkubationszeit beträgt vier bis sechs Wochen. Erkrankte Tiere zeigen eine allgemeine Beinschwäche, (die bei den Hähnen stärker ausfällt) und eine reduzierte Futteraufnahme. Überbesatz, chronische Durchfälle und Superinfektionen mit anderen Viren begünstigen das Ausmaß der wirtschaftlichen Schäden. Die Sterblichkeit ist leicht erhöht.

Verendete Tiere sind gut entwickelt und zeigen in der Sektion eine stark vergrößerte, fleckig erscheinende Milz. Die ebenfalls stark vergrößerte Leber kann weißliche Flecken haben. Nieren, Darm, Lungen und Geschlechtsorgane können ebenfalls tumorös vergrößert sein.

Da für die Routineuntersuchung sowohl ein Erregernachweis als auch ein serologischer Test nicht zu Verfügung steht, erfolgt die Diagnose durch histologische Organuntersuchungen.

Therapie und Prophylaxe
Eine Therapie ist nicht möglich. Immunprophylaktische Maßnahmen stehen zur Zeit nicht zur Verfügung.

7.2 Bakterieninfektionen

Bakterien sind mikroskopisch kleine, selbständige Organismen mit einer äußeren Zellbegrenzung. Eine Infektion mit ihnen ist anfänglich örtlich begrenzt, kann aber mit dem Blutstrom den ganzen Körper überschwemmen und zum Tode führen. Sie können mit Antibiotika abgetötet oder im Wachstum gehemmt werden. Die Auseinandersetzung mit Bakterien ruft häufig keine lebenslang belastbare Immunität hervor. In diesem Kapitel werden alle bedeutsamen bakteriellen Infektionskrankheiten der Pute beschrieben. Weniger bedeutsame bakterielle Infektionen finden hier keine Berücksichtigung.

7.2.1 Ornithobacterium-rhinotracheale-Infektion (ORT)

Die ORT-Infektion der Pute ist eine hochansteckende, akut bis subakut verlaufende Atemwegsinfektion des Nutz- und Wildgeflügels. Sie wurde erstmals 1993 von HAFEZ in Deutschland in Putenbeständen nachgewiesen. Serologisch lassen sich 18 verschiedene Serovare unterscheiden. Bei den Puten dominieren die Serovare A, B und D. Bezüglich Pathogenität unterscheidet man zwischen virulenten, schwachvirulenten und avirulenten Stämmen. Die Krankheit führt zu wirtschaftlichen Verlusten durch erhöhte Sterblichkeitsrate, erhöhte Medikamentenkosten und vermehrte Beanstandungen des Schlachtkörpers. Der Krankheitsverlauf ist abhängig von Besatzdichte, Luftqualität sowie Anzahl der Altersgruppen und Sekundärerreger auf dem Betrieb. Häufig geht der ORT-Infektion eine TRT-Infektion voraus. Die Übertragung erfolgt sehr wahrscheinlich über die Luft oder durch direkten und indirekten Erregerkontakt mit infizierten Tieren. Putenküken können bereits ab der zweiten Lebenswoche erkranken.

Eine Inkubationszeit lässt sich nicht angeben. Das Krankheitsgeschehen ist in leichten Fällen nach einer Woche beendet. In hartnäckigen Fällen erstreckt sich der Verlauf über mehrere Wochen. Das Herdenbild ist gekennzeichnet durch einzelne Tiere, die ein stark gestörtes Allgemeinbefinden zeigen und später festliegen. In der Herde hört man Atemwegsgeräusche und einzelne Tiere haben hochgradige Atemnot und Schnabelatmung. Vermehrter dünnflüssiger Kot kann auftreten. Die Sterblichkeit kann bis zu 10 % betragen.

In der Sektion von verendeten Tieren findet man ein- oder beidseitig verhärtete Lungen. Das Herz ist auf Grund entzündlicher Veränderungen mit einer serofibrinösen Masse umgeben. Luftsäcke und Bauchfell sind ebenfalls entzündlich verändert.

Therapie und Prophylaxe
Eine Antibiotikatherapie (Ampicillin, Tetrazyklin oder Baytril) ist erforderlich, um wirtschaftliche Schäden zu reduzieren. Ein Antibiogramm stellt die Wirksamkeit der Behandlung sicher. Eine vorbeugende Impfung gegen die ORT-Infektion ist auf Grund unterschiedlicher Serotypen nicht immer erfolgreich. Die Herstellung einer stallspezifischen Vakzine vom auf dem Betrieb isolierten Erreger ist unter Umständen besser. Der Schwerpunkt der Bekämpfung liegt aber eindeutig in der Optimierung von Haltungs- und Hygienebedingungen.

7.2.2 Nekrotisierende Enteritis (NE)

Die nekrotisierende Enteritis ist eine Darmerkrankung des Geflügels, die durch das toxinbildende Bakterium *Clostridium perfringens* hervorgerufen wird. Auf Grund der unterschiedlichen Bildung von Toxinen (alpha, beta, epsilon und jota) wird Clostridium perfringens in die Typen A bis E unterteilt. In der Einsteu, im Futter oder im Erdreich können die Clostridien in versporter Form über viele Jahre überleben. Auch gegen die gängigen Desinfektionsmittel sind sie sehr unempfindlich. Durch den Verzicht auf Leistungsförderer im Futter sind Clostridien-Infektionen wieder häufiger in der Geflügelhaltung anzutreffen. Die Erkrankung tritt weltweit auf und befällt die Pute ab der zweiten Lebenswoche. Begünstigt wird ihr Auftreten durch Futterwechsel, Strohfressen, hoher Besatzdichte, schlechte Einstreuqualität, Durchfräsen der Hobelspäne und latente Kokzidien-Infektionen. Eine klassische Einschleppung des Erregers in den Bestand erfolgt nicht, da Clostridien auch im Dickdarm von gesunden Tieren vorkommt. Die Infektion im Dünndarm kann zum einen durch die orale Aufnahme von großen Erregermengen mit dem Futter, Wasser oder der Einstreu erfolgen und zum anderen durch das Aufsteigen des Erregers vom Dickdarm in den Dünndarmbereich. Eine größere Infektionsgefahr stellen auch verendete Tierkadaver dar. Sie können über das Futter oder Wasser (tote Maus im Silo oder Vorlaufbehälter) und der Einstreu (eingepresster Hase oder Igel im Strohballen) in den Tierbereich kommen. Auch wenn Tierkadaver häufig nur als Ursache für die tödlich verlaufende Botulismus-Intoxikation angesehen werden, darf man ihre Bedeutung als Eintragsquelle für *Clostridium perfringens* nicht vergessen. Die Inkubationszeit beträgt 2 bis 14 Tage.

Einzeltiere zeigen ein gestörtes Allgemeinbefinden und haben Durchfall. Die Sterblichkeitsrate kann bis 50 % betragen. In der Sektion findet man einen stark ausgetrockneten Tierkörper mit dunkler Brustmuskulatur. Die Dünndarmschleimhaut ist verdickt und brüchig und im erweiterten Darmrohr findet man einen übelriechenden, grünlichbräunlichen mit eitrigen Massen versetzten Inhalt. Die Dünndarmschleimhaut ist großflächig mit weißlichen Eiterbelägen überzogen. Die Diagnose kann anhand der typischen Organveränderungen gestellt werden. Eine Erregeranzüchtung ist ebenfalls möglich.

Therapie und Prophylaxe
Die Therapie besteht in der Verabreichung von Antibiotika (Penizillin, Tylosin) übers Trinkwasser für mehrere Tage. Für gute Belüftung und trockene Einstreu ist zu sorgen. Die Vorbeuge gegen begünstigende Infektionen wie Kokzidien oder blutiger Darmentzündung sind zu intensivieren. Reinigung und Desinfektion nach jedem Durchgang senken den Infektionsdruck. Ebenfalls helfen Kokzidiostatika mit Wirksamkeit gegen grampositive Bakterien (Clostridien), die Erkrankung zu reduzieren.

7.2.3 Chlamydieninfektion (Ornithose)

Die Chlamydieninfektion des Geflügels wird durch *Chlamydia psittaci* hervorgerufen und unterliegt in Deutschland als Ornithose der Meldepflicht. Die klinische Feststellung einer Ornithose ist mit einem Schlachtverbot verbunden.

Der Erreger ist bei einer großen Anzahl von Vogelarten (Psittaciden, Tauben, Enten etc.) nachgewiesen worden. Neben unterschiedlichen Serovaren gibt es auch Unterschiede in ihrer Pathogenität. Je nach Erregervirulenz und Immunstatus der Herde verläuft die Infektion von symptomlos bis tödlich für die Pute. Die Übertragung erfolgt über die Luft. Die Inkubationszeit kann bis zu 6 Wochen betragen.

Das klinische Bild ist Störung des Allgemeinbefindens, Atemwegsgeräusche, Konjungtivitis und grünlicher Durchfall. Bei Legeputen sinkt die Legeleistung um 10 bis 20 %.

In der Sektion findet man unspezifische entzündliche Veränderungen an Lunge, Leber, Milz und Darm. Da spezifische Symptome fehlen, erfolgt die Diagnose durch direkten Erregernachweis oder durch den serologischen Antikörpernachweis.

Therapie und Prophylaxe
Bei einer klinischen Ornithose werden über einen längeren Zeitraum Tetrazykline verabreicht. Eine vorbeugende Impfung steht nicht zu Verfügung.

7.2.4 Coli-Infektion

Die Coli-Infektion tritt bei allen Geflügelarten auf. Geflügel kann in jedem Alter an *Escherichia coli* erkranken, jedoch sind die Tiere in der Aufzucht am empfänglichsten für diese Infektion. An Hand von Oberflächen-, Kapsel- und Fimbrienantigenen lassen sich weit über 100 Serotypen differenzieren. Für die Pute haben die Serotypen O1, O2 und O78 besondere Bedeutung. Krankheitsverlauf und Mortalität werden hauptsächlich durch ihre Pathogenität (Serotyp) und die Widerstandskraft des Tieres bestimmt. Begleitinfektionen mit anderen Keimen sowie Mängel in der Betriebshygiene und Haltung beeinflussen den Verlauf zusätzlich. Coli-Keime sind Bestandteil der Darmflora und folglich regelmäßig in der Umgebung zu finden. Der Keim kann über die Luft in die Atemwege eindringen oder auch direkt vom Darm in das Blut übergehen. Die Übertragung kann sowohl mit dem Brutei erfolgen als auch horizontal von Tier zu Tier bzw. mit erregerbehafteten Gerätschaften. Die aerogene Übertragung hat eine große Bedeutung beim Geflügel, weil viele pathogene *E. coli*-Keime eine besondere Vorliebe für die Luftröhrenschleimhaut besitzen. Die Keime haben eine hohe Widerstandskraft gegen äußere Einflüsse und sind deshalb in der Umwelt lange überlebensfähig. Die Inkubationszeit ist mit ca. 12 Stunden sehr kurz.

Putenküken und junge Puten zeigen ein erhöhtes Wärmebedürfnis, besitzen ein gesträubtes Gefieder, sind teilnahmslos und haben häufig einen durch Diarrhöe weißlich verklebten Kloakenbereich. Die Sterblichkeitsrate kann bis 30 % betragen.

In der Sektion findet man bei wenige Tage alten Küken einen schlecht resorbierten und übel riechenden Dottersack, Herzbeutelüberzüge und Leberschwellungen. Bei Jungputen sind Herzbeutel- und Leberüberzüge sowie Luftsackvereiterungen zu sehen. Auch die Gelenke und Sehnenscheiden können geschwollen und mit weißlicher oder wässriger Flüssigkeit gefüllt sein. In ganz akuten Verläufen sind lediglich Blutungen am Herzen und Leberschwellungen zu beobachten. Die Diagnose erfolgt durch Erregerisolierung und anschließender Serovar-Bestimmung.

Therapie und Prophylaxe
Die Therapie besteht in der Verabreichung von Antibiotika und Vitaminen. Da bei vielen Coli-Keimen bereits Resistenzen ausgebildet sind, ist ein Antibiogramm vor der Behandlung zu erstellen. Gut wirksam ist erfahrungsgemäß Enrofloxacin und Colistin. Bei der Coli-Infektion handelt es sich in den meisten Fällen um eine Faktorenkrankheit. Deshalb sind Optimierung von

Haltung, Hygiene und Management die wirksamste Vorbeuge gegen eine Neuinfektion. Die Aussortierung von mit Kot kontaminierten Bruteiern und eine strenge Bruteihygiene sind unumgänglich, um ein Einschleppen in den Betrieb zu vermeiden. Für eine Immunprophylaxe stehen bei der Pute keine kommerziellen Coli-Impfstoffe zur Verfügung. Aus im Bestand isolierten Coli-Keimen lassen sich aber stallspezifische Impfstoffe herstellen, mit denen die Puten ab einem Alter von drei Wochen schutzgeimpft werden können. Die Impfung ist aber kein Ersatz für Mängel in Haltung und Management.

7.2.5 Pasteurellose

Die Pasteurellose ist eine hochgradig ansteckende Infektionskrankheit des Geflügels. Verursacht wird sie durch das Bakterium *Pasteurella multocida*, von dem bis heute weltweit 16 unterschiedliche Serotypen bekannt sind. Die Pute ist besonders empfindlich gegenüber diesem Keim. Bis 1991 war die Infektion in Deutschland unter der Bezeichnung Geflügelcholera sogar anzeigepflichtig. Die Pasteurellose kann alle Vogelarten ohne Altersbegrenzung erfassen. Puten erkranken überwiegend erst ab einem Alter von 8 Wochen. Die Erkrankung tritt durch Temperaturschwankungen besonders im Herbst und Frühjahr auf. Aber auch andere resistenzmindernde Faktoren wie Futterwechsel, nicht vollständig auskurierte Atemwegsinfektionen anderen Ursprungs oder schlechte Stallklimaverhältnisse können zu einem möglichen Ausbruch führen. Die Übertragung erfolgt von Tier zu Tier, aber auch durch belebte Vektoren wie andere Vögel, Schweine, Hunde, Katzen oder Schadnager. Die Inkubationszeit liegt zwischen 4 Stunden und 9 Tagen.

Es treten perakute, akute und chronische Verlaufsformen auf. Beim perakuten Verlauf sind keine Krankheitsanzeichen zu sehen. Die Tiere liegen im Stall wie vermeintliche Herztote. Bei einigen Tieren tritt Blut aus der Schnabelöffnung aus. Beim akuten Verlauf sieht man Tiere mit dunklem Kopf und Schnabelatmung. Einzeltiere sind stark ermattet, wobei das Herdenbild gut ist. Gelegentlich werden auch Durchfälle beobachtet. Bei der chronischen Verlaufsform treten Atemgeräusche auf, die mit Schwellungen im Kopfbereich einhergehen. Auch Sprunggelenks- und Brustblasenentzündungen werden beobachtet. Bei Legeputen führt die Infektion zusätzlich zu einer Eileiter- und Bauchfellentzündung. Die Sterblichkeitsrate kann von wenigen Prozenten bis hin zu 90 % betragen.

In der Sektion fallen Blutungen am Herzen sowie den serösen Häuten auf. Die Leber ist hochgradige geschwollen. Die Lungen können ein oder beidseitig vollständig verhärtet sein. Luftsackentzündungen werden hingegen mehr bei der chronischen Verlaufsform gefunden. Die Verdachtsdiagnose ist durch eine Erregeranzüchtung zu bestätigen.

Therapie und Prophylaxe
Die Therapie besteht in der Gabe von Antibiotika (Ampicillin, Enrofloxacin) über Trinkwasser. Eine Resistenzprüfung des Erregers sollte eingeleitet werden. Befällt die Infektion Tiere, die kurz vor der Schlachtung stehen, ist wenn möglich die Schlachtung vorzuziehen. Vorbeugend können Tiere zwischen der 6. und 8. Lebenswoche mit einem inaktivierten Impfstoff schutzgeimpft werden. Da momentan in Deutschland kein

kommerzieller Parteurellen-Impfstoff zu Verfügung steht, ist die Herstellung eines stallspezifischen Impfstoffes erforderlich.

7.2.6 Gallibacterium assozierte Erkrankungen

Es handelt sich bei den Gallibacterium-assoziierten Erkrankungen um akut bis chronisch verlaufende exsudative Entzündungen des Atmungs- und/oder Genitaltraktes. Bevor das Gallibacterium als eigenständige Gattung der Familie Pasteurellacae geführt wurde, bezeichnete man es als *Pasteurella hämolytica*. Bisher wurden zwei Spezies identifiziert: *Gallibacterium anatis* und *Gallibacterium genomospecies*. Die Inkubationszeit beträgt 1 bis 4 Tage.

Die Klinik zeigt sich in einer Störung des Allgemeinbefindens, Durchfall, unspezifischen Atemwegsgeräuschen und kümmernden Einzeltieren. Die Sterblichkeitsrate ist erhöht.

In der Sektion findet man Entzündungen am Herzen, den Lungen und den Luftsäcken. Leber und Milz sind vergrößert. Die Diagnose erfolgt durch den Erregernachweis im Labor.

Therapie und Prophylaxe:
Eine Antibiotikabehandlung über Trinkwasser nach Vorgabe eines Resistenztestes ist angezeigt. Eine vorbeugende Impfung ist nicht möglich.

7.2.7 Mykoplasmose (MG, MM, MS, MI)

Die Mykoplasmose ist eine weltweit verbreitete Infektionskrankheit des Geflügels. Die wesentlichen wirtschaftlichen Schäden liegen in einer Erhöhung der Gesamtverluste, eine Verringerung der Endgewichte, eine Verschlechterung der Futterverwertung und eine Minderung der Schlachtkörperqualität. Beim Geflügel können eine ganze Reihe von Mycoplasmen isoliert werden, von denen aber nur einige wenige eine pathogene Bedeutung haben. Für die Pute sind *Mycoplasma gallisepticum* (MG), *Mycoplasma synoviae* (MS), *Mycoplasma meleagridis* (MM) und *Mycoplasma iowae* (MI) von Bedeutung.

Bei der Übertragung spielen sowohl die vertikale als auch horizontale Infektion eine große Rolle. Symptomlos infizierte Elterntiere übertragen mit dem Brutei den Erreger auf das Küken. Eine Übertragung mit dem Sperma bei der Befruchtung ist ebenfalls möglich. Überwiegend wird der Erreger von Tier zu Tier und mit kontaminierten Gerätschaften übertragen. Mycoplasmenhaltiger Staub wird mit der Luft über eine gewisse Entfernung getragen und kann Betriebe in der näheren Umgebung infizieren. Bei dieser horizontalen Luftübertragung kommt anderen Geflügelarten eine besonders große Bedeutung zu. Außerhalb des Tieres sind Mykoplasmen nur wenige Tage überlebens- und infektionsfähig (auf Vogelfedern bis zu 4 Tage). Die Diagnostik der Mycoplasmeninfektion erfolgt entweder direkt durch Erregernachweis (PCR oder Anzüchtung) oder indirekt mit der Serologie (SSA, ELISA). Bei unklaren Ergebnissen sind sowohl Erregernachweis als auch Serologie nach einigen Tagen oder Wochen zu wiederholen.

7.2.8 Mycoplasma-gallisepticum-Infektion (MG)

Die Infektion mit *Mycoplasma gallisepticum* wird auch als Chronic Respiratoric Disease (CRD), also als chronische

Atemwegserkrankung bezeichnet. Die Erkrankung tritt meistens von der 5 Woche bis hin zur Schlachtung auf. Die Krankheitsdauer in einer infizierten Herde kann Wochen bis Monate andauern. Die Inkubationszeit variiert zwischen 5 und 21 Tagen.

Die Klinik ist je nach Erregervirulenz, Immunstatus der Herde sowie Besatzdichte und Betriebsmanagement von unauffällig bis hin zu schwersten Krankheitserscheinungen. Die Tiere niesen, haben schaumigen Tränenfluss und zeigen deutliche Atemwegsgeräusche. Dabei kommt es zu ein- oder beidseitig geschwollenen Sinushöhlen. Auf Druck entleert sich ein schleimig eitriges Sekret. Das Sekret kann auch zusammen mit Futter- und Staubpartikeln die Nasenausgänge verkleben. Dadurch kommt es zu starken Umfangsvermehrungen im Kopfbereich („Eulenkopf"). Die Schwellungen können so stark werden, dass die Augen zuschwellen und die Tiere erblinden. Die Infektion kann ebenfalls zu einer massiven Beinschwäche mit ein- oder beidseitig geschwollenen Sprunggelenken führen. Neben den großen Schäden in der Mast verringert sich bei Legeputen die Legeleistung und die Schlupfrate.

In der Sektion findet man Lungenverhärtungen und Luftsackverschwartungen. Das Herz und die vergrößerte Leber können in Folge von Sekundärinfektionen mit weißlichen Belägen überzogen sein. In den eröffneten geschwollenen Gelenken ist vermehrte Gelenkflüssigkeit.

7.2.9 Mycoplasma-synoviae-Infektion (MS)

Die Infektion mit *Mycoplasma synoviae* hat bei der Pute im Gegensatz zu den Hühnern eine sehr große Bedeutung. Auch wenn die Erkrankung gelegentlich bereits in der Aufzucht diagnostiziert wurde, tritt sie meistens erst in der zweiten Masthälfte auf. Die Inkubationszeit beträgt 11 bis 21 Tage.

Im Bestand fallen vermehrt Einzeltiere durch Untergewicht und blasse Köpfe auf. Viele Tiere sitzen an den Seiten und in den Ecken. Kannibalismus kann vermehrt auftreten. Die Symptome am Einzeltier sind Bewegungsstörung, Lahmheit und verdickte Sprunggelenke (Eiergelenke). Durch die Beinschwäche kommt es sekundär zu Brustblasenentzündungen. Gelegentlich werden auch Atemwegsgeräusche wahrgenommen. Die Sterblichkeitsrate, im wesentlichen durch Kannibalismus (Picken) verursacht, kann bis zu 20 % betragen.

Bei der Sektion findet man in den eröffneten verdickten Gelenken starke Flüssigkeitsansammlungen. Gelenke und Knochen sind deformiert. Im Brustbereich können entzündliche Veränderungen durch das vermehrte Sitzen der Tiere vorhanden sein. Die übrigen Organe zeigen keine Auffälligkeiten.

7.2.10 Mycoplsma-meleagridis-Infektion (MM)

Eine Infektion mit *Mycoplasma meleagridis* kann bei der heranwachsenden Pute sowohl im Atmungsapparat als auch im Bewegungsapparat Schäden hervorrufen. Der Erreger bewirkt eine leichte Luftsackentzündung. Am Bewegungsapparat kann der Erreger durch den Befall der Knochenwachstumszonen Beinschäden hervorrufen. Auf Grund der schleichenden Durchseuchung in der Herde bleibt die Klinik häufig nur auf Einzeltiere beschränkt.

Sie fallen durch ihre X- oder O-Beinigkeit auf. Bei Legeputen verläuft die Infektion symptomlos, führt aber durch eine embryonale Spätmortalität zu einer verminderten Schlupfrate in der Brüterei. Die Inkubationszeit beträgt zwischen 2 und 3 Wochen. In der Sektion sind keine typischen Organveränderungen zu sehen.

7.2.11 Mycoplasma-iowae-Infektion (MI)

Mast- und Legeputen zeigen keine klinischen Symptome. Legeputen haben nach einer Infektion mit Mycoplasma iowae für die Dauer von 4 bis 8 Wochen eine durch embryonale Spätmortalität verursachte verringerte Schlupfrate. Bei geschlüpften Küken können Wachstums- und Befiederungsstörungen auftreten. Die Inkubationszeit beträgt 9 bis 14 Tage. In der Sektion sind keine typischen Organveränderungen zu sehen.

Therapie und Prophylaxe
Die Therapie erfolgt mit mykoplasmenwirksamen Antibiotika (Tylosin, Enrofloxacin, Tetracyklin) über Trinkwasser. Begleitende Sekundärinfektionen müssen zeitweilig unter Umständen zusätzlich durch weitere Antibiotika (nach Resistenztest) abgedeckt werden. Durch die Behandlung findet keine Tilgung der Erkrankung statt. Auch die Übertragung auf andere Tiere wird nicht ausreichend unterbunden. Die Behandlung führt zu einer Besserung der klinischen Symptome und verringert die wirtschaftlichen Schäden. In „Mykoplasmenherden" kann es ohne Behandlung bei der Schlachtung zu einem Verwurf von bis zu 80 % der Tierkörper kommen. In Betrieben mit mehreren Altersgruppen ist ein „Leerlaufenlassen" der Farm mit anschließender gründlicher Reinigung und Desinfektion die einzige erfolgversprechende Maßnahme, um die Infektkette zu stoppen. Positive Elterntierherden müssen ausgemerzt werden. Nur freie Elterntierherden können auf Dauer die Schäden durch Mykoplasmen-Infektionen verhindern.

Immunprophylaktisch können Puten während der Aufzucht entweder mit einem Lebendimpfstoff (Intervet 6/85; nur Hühnerzulassung) und/oder mit einem inaktivierten Adsorbat-Todimpfstoff schutzgeimpft werden. Man muss aber dazu sagen, dass der Impfschutz nicht immer befriedigend ist. Verbesserungen im Betriebsmanagement, der Hygiene und den Haltungsbedingungen ist bei Bekämpfung und Vorbeuge oberste Priorität einzuräumen.

7.2.12 Salmonellose

Salmonellen des Geflügels haben neben der Gefahr für das Geflügel selbst auch eine große Bedeutung als Ursache für Infektionen des Menschen (Zoonoseerreger). In Deutschland spielen Putenfleischprodukte als Ursache für Salmonelloseerkrankungen des Menschen nur eine untergeordnete Rolle. Die an das Geflügel angepassten Salmonellen der Serovare *S. Gallinarum/Pullorum* und *S. Arizona* nehmen eine Sonderstellung ein, sind aber bei der Pute ohne Bedeutung. Beim Geflügel hat die amtliche Feststellung einer Salmonellose ein Schlachtverbot zur Folge.

An Hand ihrer Oberflächenantigene kann man bis heute mehr als 2500 Salmonellenserovare differenzieren. Nur wenige Serovare haben krankmachende Eigenschaften für Mensch und Tier. Beim Geflügel häufiger vorkommende nicht wirtsspezifische Serovare sind S. Typhimurium, S. Enteritidis, S. Infantis, S. Hadar, S. Virchow, S. Senftenberg, S. Newport und S. Parathyphi B.

Der Infektionsweg in den Bestand führt entweder über das Brutei (infizierte Elterntiere) oder über infiziertes Futter, Gerätschaften, Einstreumaterialien und latent mit Salmonellen besiedelte Schadnager, Insekten, Hunde, Katzen, Wildvögel und zuletzt auch den Menschen. Klinisch bedeutsam ist die Salmonellose nur bei Küken und Jungputen. Später spielt die Pute für die Salmonellen nur noch als Vektor eine Rolle. Die Inkubationszeit beträgt 3 bis 5 Tage.

Das klinische Bild ist gekennzeichnet durch Entzündungen der Sprunggelenke und durch Enteritis. Die Sterblichkeitsrate ist erhöht.

In der Sektion kann man auf einer vergrößerten Leber kleine weißliche Herde finden. Herzbeutelüberzüge, persistierende Dottersäcke und Hornhauttrübung können ebenfalls gefunden werden. Die endgültige Diagnose erfolgt durch Erreganzüchtung und anschließender Serovar-Bestimmung.

Therapie und Prophylaxe
Eine Therapie mit Antibiotika führt schnell zum Erfolg, jedoch nicht zu einer vollständigen Erregereliminierung. Als Vorbeuge sind Verbesserungen der Hygienemaßnahmen auf dem Betrieb zu nennen. Die Schädlings- und Schadnagerbekämpfung ist zu optimieren. Eltertierherden müssen regelmäßig auf Salmonellen kontrolliert werden und bei einem positiven Salmonellennachweis von der Zucht ausgeschlossen werden (clean the production from the top). Zur Immunprophylaxe stehen für das Geflügel sowohl Lebend- als auch Todimpfstoffe zu Verfügung. Die vorbeugende Impfung einer Herde gegen Salmonellen führt zwar zu der Verhinderung einer klinischen Salmonellose, kann aber keine Salmonellenfreiheit garantieren. Futtermittel können mittels mechano-thermischer Behandlungen salmonellenfrei produziert werden. Eine anschließende Futtersäurenzugabe (Ameisen-, Propionsäure) ins Futter hilft, diesen Zustand möglichst lange zu erhalten. Neuerdings besteht auch die Möglichkeit durch eine gezielte Kolonisation des Magen-Darmkanals mit einer definierten Mikroflora, die Ansiedlung von Salmonellen zu erschweren. Diese sogenannte „Competiv Exclusion" (CE) kann aber nur wirksam werden, wenn die Verabreichung vor dem ersten Salmonellenkontakt erfolgt.

7.2.13 Campylobakter-Infektion

Der Erreger tritt weltweit beim Wild- und Wirtschaftsgeflügel auf, nur bei den Hühnern jedoch stellt die *Campylobacter*-Infektion eine sporadisch auftretende subakut bis chronisch verlaufende Infektion dar. Beim Huhn führt sie zu einer Infektiösen Hepatitis, die früher als Vibrionenhepatitis bezeichnet wurde. Beim Erreger handelt es sich um ein korkenzieherartig gewundenes Stäbchenbakterium. Sie sind fakultativ krankmachend und werden auch im Darm gesunder Tiere nachgewiesen. Beim Geflügel unterscheidet man zwischen *Campylobacter jejuni* 1 und 2 sowie *Campylobacter coli*. Bei der Pute wird am häufigsten Campylobacter jejuni 1 nachgewiesen. Er führt aber nur in den seltensten Fällen zu einer klinischen Infektion. Die Inkubationszeit beträgt 1 bis 4 Tage.

Bei der Untersuchung von Schlachtproben sind viele Putenherden positiv. *Campylobacter* stellt deshalb durch diese latente Darmbesiedlung eine potentielle lebensmittelhygienische Gefahr dar. Der Verzehr von mit Campylobacter behafteten rohem Geflügelfleisch kann beim Menschen zu einer fiebrigen Durchfallerkrankung mit Kopf- und Gliederschmerzen führen. Nach §6 des Infektionsschutzgesetzes (IfSG) zählt die Campylobacteriose des Menschen zu den meldepflichtigen Krankheiten.

Die Klinik der *Campylobacter*-Infektion bei der Pute besteht neben einer Störung des Allgemeinbefindens in Durchfall und feuchter Einstreu. Der Kot ist übelriechend und mit Schleim durchsetzt. Die Sterblichkeitsrate kann erhöht sein.

In der Sektion findet man eine gerötete Darmschleimhaut und wässrigen bis schleimigen Dünn- und Dickdarminhalt. Die Diagnose erfolgt durch mikroskopische Untersuchung eines Darmabstriches oder durch direkte Anzüchtung des Erregers im Labor.

Therapie und Prophylaxe:
Da in aller Regel kaum klinische Erscheinungen im Bestand festzustellen sind, ist eine Behandlung nicht notwendig. Antibiotika über Trinkwasser können bei Bedarf aber verabreicht werden. Das Verhindern des Einschleppens des Erregers in den Betrieb steht an erster Stelle, ist aber bei der Verwendung von unbehandeltem Stroh als Einstreumaterial nicht sicher auszuschließen. Eine vorbeugende Impfung ist in Deutschland nicht möglich.

7.2.14 Pseudomonaden-Infektion

Die Infektion mit Pseudomonaden hat bei Putenküken in der Intensivtierhaltung eine zunehmende Bedeutung. Pseudomonaden sind weit verbreitet und kommen im Boden, Abwasser und im Darmkanal von vielen gesunden Säugetieren inkl. des Menschen vor. Sie sind sehr stabil gegenüber Umwelteinflüssen und vielen gebräuchlichen Desinfektionsmitteln. Besonders *Pseudomonas aeruginosa* führt bei Putenküken in Abhängigkeit der ausgesetzten Keimmengen zu schweren Infektionen. Die Übertragung kann sowohl vom Brutei über die Schale als auch direkt aus dem Trinkwasserleitungssystem oder kontaminierten Gerätschaften im Stall erfolgen. Die Inkubationszeit ist mit 24 Stunden sehr kurz.

Die Infektion in der ersten und zweiten Lebenswoche geht mit Störungen des Allgemeinbefindens und Lahmheiten einher. Die Sprung- und Zehengelenke sind ein- oder beidseitig verdickt. Die Augenlieder können verkleben und der gesamte Kopf kann dabei geschwollen sein. Die Sterblichkeitsrate liegt zwischen 1 und 10 %.

In der Sektion kann man persistierende Dottersäcke, Herzbeutelüberzüge, Leberüberzüge und Luftsackentzündungen beobachten. Die Gelenke sind mit eitrigem Sekret gefüllt. Die Diagnosestellung erfolgt durch Erregeranzüchtung.

Therapie und Prophylaxe
Auf Grund einer natürlichen stark ausgeprägten Resistenzlage ist beim vorliegen einer *Pseudomonas aeruginosa*-Infektion ein Resistenztest anzufertigen. Als häufig noch wirksam erweisen sich Enrofloxacin und Gentamycin. Oft sind

Pseudomonaden über viele Durchgänge im Betrieb nachweisbar. Eine Eliminierung des Erregers aus dem Stall und vor allem aus dem Tränkesystem ist trotz intensivster Reinigung und Desinfektion sehr schwierig. Eine Dauerchlorierung des Tränkewassers ist in einigen Betrieben sehr wirksam.

7.2.15 Rotlauf-Infektion

Die Rotlaufinfektion, historisch vom Schwein bekannt, hat auch für die Pute eine große wirtschaftliche Bedeutung. Der fast überall in der Umwelt verbreitete Erreger, *Erysipelothrix rhusiopathiae*, ist ein recht widerstandsfähiges Bakterium, das vornehmlich Hähne ab der 12 Lebenswoche erkranken lässt. Die Infektion erfolgt entweder oral oder über kleine Hautwunden als Folge von Rangordnungskämpfen unter den Hähnen. Es kommt nach einer Infektion zu einem langsamen Krankheitsverlauf in der Herde. Die Inkubationszeit beträgt 2 bis 5 Tage.

Das klinische Bild beschränkt sich häufig auf plötzliche Todesfälle. Gelegentlich fallen Tiere mit schmerzhaften Bewegungen und herunterhängenden Flügeln in der Herde auf. Um Schnabel-, Augen- und Gehöröffnungen können dunkle schwärzliche Beläge vorhanden sein. Die Sterblichkeitsrate kann ohne Behandlung bis zu 50 % betragen.

In der Sektion fallen punktförmige Blutungen am Herzen, in der Muskulatur und Unterhaut auf. Milz, Leber und Niere sind geschwollen. Die Diagnose wird durch den Erregernachweis gestellt.

Therapie und Prophylaxe

Die Therapie besteht in der Gabe von Antibiotika auf Basis von Penicillinen. Die Behandlung führt sehr schnell zu einer Heilung. Elterntiere werden vor Legebeginn durch eine zweimalige Impfung mit einer Adsorbatvaccine (Erysorb, Firma Intervet) schutzgeimpft.

7.2.16 Staphylokokken-Infektion

Staphylokkoken kommen fast überall vor. Sie sind auch Bestandteil der Flora von Haut, Schleimhaut und Federn. Infektionen mit Staphylokkoken, insbesondere *Staphylokokkus aureus,* rufen beim Geflügel verschiedene Erkrankungen hervor. Häufig verlaufen sie als eitrige Wundinfektionen örtlich begrenzt ab. Bei der Pute lokalisiert sich die Infektion vornehmlich in den Gelenken und den Sehnenscheiden. Die Übertragung erfolgt hauptsächlich von Tier zu Tier, wobei kleine Verletzungen in der Haut oder Schleimhaut als Eintrittspforten notwendig sind. Das Kürzen der Schnäbel, hartes Einstreumaterial und nasse Einstreu sind häufigste Wegbereiter bei der Pute. Die Erkrankung tritt bevorzugt in den ersten Wochen der Aufzucht auf, aber auch später können Tiere aller Altersstufen noch erkranken. Die Inkubationszeit beträgt 1 bis 3 Tage.

Das klinische Bild zeigt sich bei eingestallten Küken durch Nabelentzündungen mit schlecht resorbierten Dottersäcken. Das Allgemeinbefinden der Tiere ist dabei gestört und plötzliche Todesfälle treten auf. Sind die Gelenke und Sehnenscheiden von der Infektion betroffen, sind ein- oder beidseitig verdickte Fußballen oder Sprunggelenke zu beobachten. Die Tiere sitzen vermehrt oder humpeln beim Laufen. Die Zahl der erkrankten Tiere in einer Herde bleibt häufig unter 1 bis 2 %. Im Extremfall können aber bis zu 20% der Tiere erkranken. Bei Legeputen besteht das klinische Bild in einer verminderten Schlupfrate und erhöhter embryonaler Sterblichkeit.

In der Sektion findet man bei den Küken schlecht resorbierte Dottersäcke, Herzbeutelentzündungen, Leber und Milzschwellungen, Luftsackentzündungen und in den verdickten Gelenken eitriges Sekret. Bei älteren Tieren sind vornehmlich nur die Gelenke mit eitrigem Sekret angefüllt und die Sehnenscheiden entzündet. Die Leber kann grünlich verfärbt sein. Im Brustbereich können eitrige Blasenbildungen den Schlachtkörper mindern. Die Diagnosestellung erfolgt durch den Erregernachweis im Labor.

Therapie und Prophylaxe
Die Therapie besteht in der Gabe von Antibiotika über Trinkwasser. Als wirksam haben sich Ampicillin, Linkospekhin und Enrofloxacin erwiesen. Auf Grund erhöhter Resistenzbildung ist ein Antibiogramm ratsam. Um ein Einschleppen über kontaminierte Bruteier zu vermeiden, ist gute Bruteihygiene unumgänglich. Beim Schnabelstutzen (Läsern) ist die Einhaltung der Hygiene sehr wichtig. Nach der Einstellung ist auf gute und vor allem trockene Einstreu zu achten. Die Besatzdichte ist unter Umständen zu reduzieren. Zur immunprophylaktischen Vorbeuge können in endemisch belasteten Betrieben die Puten während der Aufzucht mit einer inaktivierten stallspezifischen Vakzine vorbeugend geimpft werden.

7.2.17 Streptokokken-Infektion

Streptokokken sind überall anzutreffen und finden sich auch auf der Haut und den Schleimhäuten von Darm- und Atmungstrakt. Beim Geflügel rufen vor allem Streptokokken bzw. Enterokokken der Serogruppen C und D (*Enterococcus faecalis*) eine Infektion hervor. Eine Übertragung erfolgt entweder oral, aerogen oder durch kleine Hautverlet-

Putenhahn (16 Wochen alt) mit Beinschwäche. Infolge eines längeren unbehandelten Durchfalles in der 8. bis 12. Lebenswoche ist es zu Resorbtionsstörungen gekommen, die zu einer Mineralstoffunterversorgung mit Deformationen des Beinskelettes geführt haben.

zungen. Die Inkubationszeit liegt bei wenigen Stunden bis einigen Tagen.

Das klinische Bild zeigt sich in akuten Fällen durch plötzliche Todesfälle und beim chronischen Verlauf durch Lahmheiten und verdickte Gelenke. Die Diagnose erfolgt durch die Erregerisolierung im Labor. Die Sterblichkeitsrate kann 2 bis 20 % betragen.

In der Sektion findet man Nabelentzündungen, Leber-, Milz-, Nierenschwellungen, Herzbeutel- und Luftsackentzündungen. Beim chronischen Verlauf sind zusätzlich Sehnenscheiden und Gelenke mit eitriger Flüssigkeit gefüllt. Die Herzklappen können durch Entzündungen weiß-gelbe Verdickungen aufweisen.

Therapie und Prophylaxe
Eine Trinkwasserbehandlung mit Ampicillin ist als Mittel der Wahl anzusehen. Als Vorbeuge sind einwandfreie Hygiene sowie gute Reinigung und Desinfektion zu nennen.

7.2.18 Riemerella anatipestifer-Infektion

Bei der Riemerella anatipestifer Infektion handelt es sich um eine perakut bis chronisch verlaufende infektiöse Serositis. Riemerella anatipestifer ist ein Bakterium, welches in der kommerziellen Gänse und Entenzucht eine der häufigsten Erkrankungen darstellt. Neben dem Wassergeflügel können aber auch Puten und Hühner erkranken. Der Erreger tritt in mindestens 20 verschiedenen Serovaren auf. Bei der Pute werden ca. 3/4 aller Infektionen durch das Serovar 1 hervorgerufen.

Als Infektionsquelle kommen vor allem latent infizierte erwachsene Tiere in Frage, bei denen der Erreger im oberen Atmungstrakt angesiedelt ist. Die Infektion kann sowohl vertikal über das Brutei als auch horizontal von Tier zu Tier, bzw. über Tränkewasser, Einstreu und andere Vektoren erfolgen. Die Inkubationszeit beträgt wenige Tage. Die Sterblichkeitsrate kann bis zu 10 % erreichen.

Meist erkranken Jungtiere bis zur 10. Lebenswoche. Bei hochakutem Verlauf verenden die Tiere innerhalb von 24 Stunden. Akut erkrankte Tiere zeigen Allgemeinstörungen und haben Nasenausfluss. Es können aber auch zentralnervöse Erscheinungen mit Kopfverdrehen und Seitenliegen auftreten. Die Dauer der Erkrankung liegt zwischen zwei und vier Wochen.

In der Sektion werden Blutstauungen in der Lunge, Flüssigkeitsansammlungen im Herzbeutel und Schwellungen von Leber und Milz festgestellt. Durch die Beteiligung weiterer Sekundärerreger können Luftsackentzündungen sowie Herzbeutel- und Leberüberzüge auftreten. Bei einem langsamen Verlauf sind zusätzlich Gelenksentzündungen zu beobachten.

In der Sektion kann nur eine Verdachtsdiagnose gestellt werden. Eine Erregerisolierung gibt letzte Klarheit. Neben Riemerellen werden oft weitere Erreger wie Coli-Keime, ORT und Pasteurellen gefunden.

Therapie und Prophylaxe
Eine frühzeitige Behandlung akut erkrankter Tiere mit Antibiotika wie z. B. Enrofloxacin oder Amoxicillin über Trinkwasser verhindert das Auftreten von Neuinfektionen in der Herde. Da durch die Behandlung die Immunitätsausbildung bei den Jungtieren eingeschränkt ist, kann es nach dem Abset-

Oben:
Putenhähne nach der Umstallung von der Aufzucht in die Mast. Die neugierigen Tiere nutzen den reichlichen Platz vornehmlich morgens durch intensives Laufen.

Mitte:
Mastputen im Alter von 14 Wochen. Durch ihr intensives Wachstum hat sich der Platz verringert.

Unten links:
Schwarzkopferkrankung: Vergrößerte Leber mit den typischen Veränderungen.

Unten rechts:
Schwarzkopferkrankung: Käsiger weißgelblicher typischer Blindarminhalt.

zen der Therapie zu Neuausbrüchen in der Herde kommen. Eine vorbeugende Impfung mit einer handelsüblichen Vakzine ist zur Zeit nicht möglich. Bei der Anwendung von stallspezifischen Impfstoffen ist zu berücksichtigen, dass nur ein Serovar-spezifischer Schutz ausgebildet wird.

7.3 Pilzinfektionen

Bei den Pilzen handelt es sich um Kleinstlebewesen, die selbständig vermehrungsfähig und vorzugsweise auf Materialien pflanzlichen Ursprungs wie z. B. auf Stroheinstreu anzutreffen sind. Sie stellen eine besonders große Gefahr für Küken in den ersten Lebenswochen sowie für durch Erkrankungen geschwächte Tiere dar. Eine belastbare Immunität wird selten ausgebildet. Beim Geflügel werden wirtschaftliche Schäden entweder direkt durch die Pilze als System-Mykosen oder indirekt durch giftige Stoffwechselprodukte der Pilze als Mykotoxikosen verursacht.

7.3.1 Aspergillose

Bei der Aspergillose handelt es sich um eine akut bis chronisch verlaufende System-Mykose, die besonders während der Aufzucht zu großen wirtschaftliche Schäden bei der Pute führt. In älteren Putenherden tritt sie als Einzeltiererkrankung in Erscheinung. Die häufigsten Erreger sind Schimmelpilze der Gattung *Aspergillus fumigatus*. Sie finden sich in nicht entstaubten oder feucht gelagerten Hobelspänen und in schlecht geerntetem oder gelagertem Stroh. Die Aspergillen sind als Sporen über Jahre in der Außenwelt überlebens- und infektionsfähig. Küken können sich bei mangelhafter Hygiene bereits in der Brüterei im Schlupfbrüter infizieren. Ebenfalls können exzessive Antibiotikabehandlungen während der Mast das Pilzwachstum im Tierkörper begünstigen. Die Schimmelpilze gelangen mit der Atemluft in die Lungen oder Luftsäcke. Dort finden sie ideale Bedingungen zum Wachsen. Eine Übertragung von Tier zu Tier erfolgt nicht. Die Inkubationszeit beträgt 1 bis 5 Tage.

Das klinische Bild zeigt sich durch Schnabelatmung, zentralnervöse Störungen, Lahmheiten und erhöhte Ausfälle. Während in älteren Putenherden häufig eine unspezifische Beinschwäche mit geringen Ausfällen beobachtet wird, können Aspergillen in der Aufzucht zu Totalverlusten von bis zu 90 % führen.

In der Sektion findet man typische weißliche Knötchen in Lunge, Luftsack, Leber oder Darm. In den Luftsäcken können die Pilze einen grünlichen, bis ein Euro großen Pilzrasen bilden. Die Diagnose wird in der Sektion gestellt. Eine Anzüchtung des Erregers aus den Aspergillenknoten im Labor ist nicht immer erfolgreich.

Therapie und Prophylaxe

Eine direkte Therapie ist in der Wirtschaftsgeflügelhaltung nicht möglich. Die Gabe von Kupfer und Vitaminen kann einen stabilisierenden Effekt auf die Herde haben. Befallene Tiere müssen ausgesondert werden. Eine Behandlung mit Antibiotika beim Vorliegen einer zusätzlichen bakteriellen Infektion ist im Einzelfall abzuwägen. Als Prophylaxe ist auf sehr gute Einstreuqualität und gute Lüftung zu achten. Besonders beim Einsatz von automatischen Streumaschinen ist während des Einstreuens auf eine gute Belüftung zu achten. Stroh von schlechter Qualität

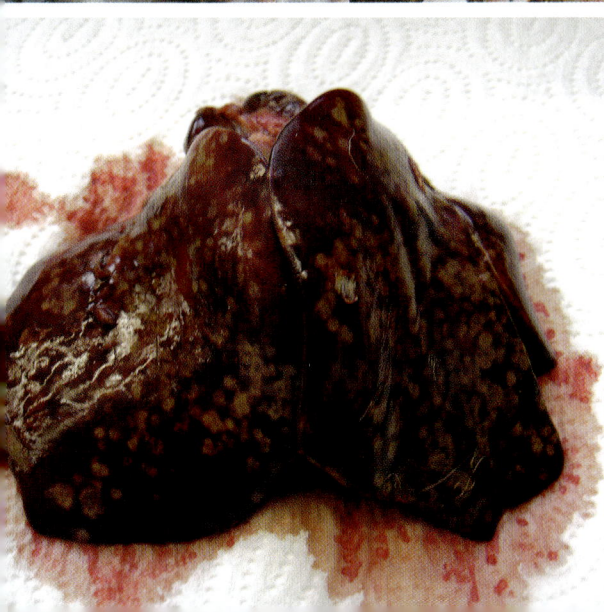
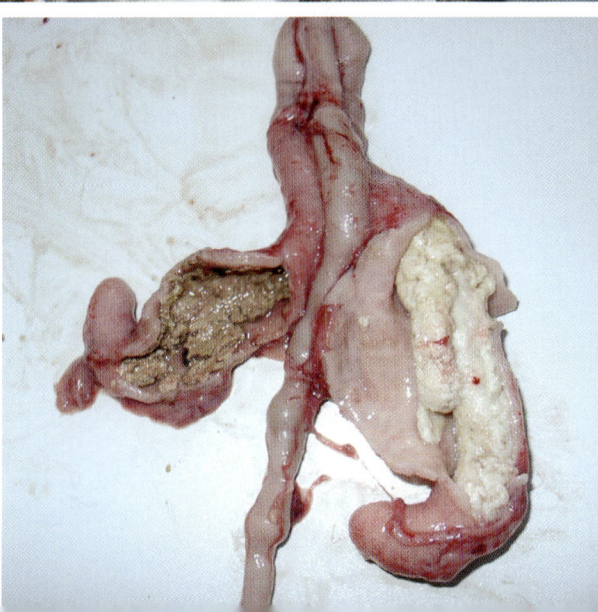

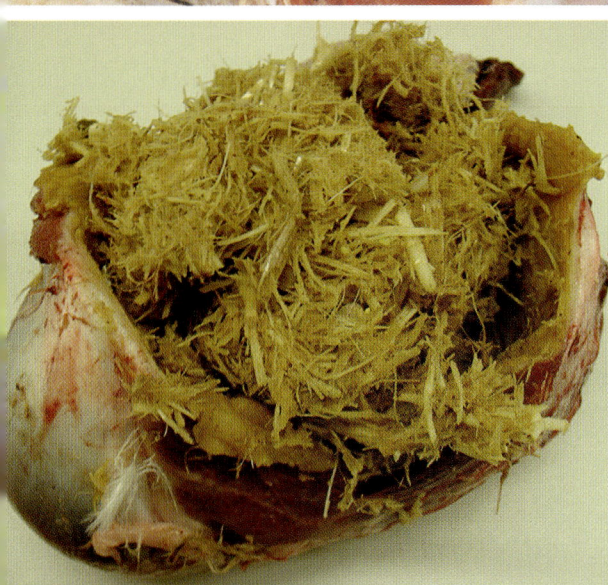
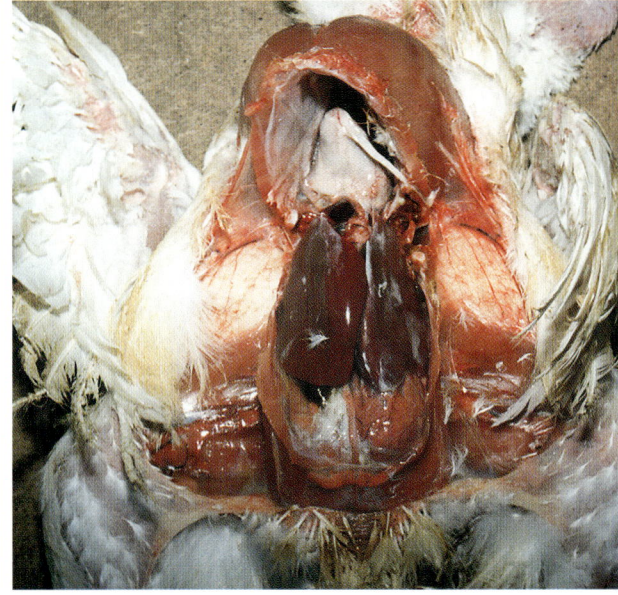

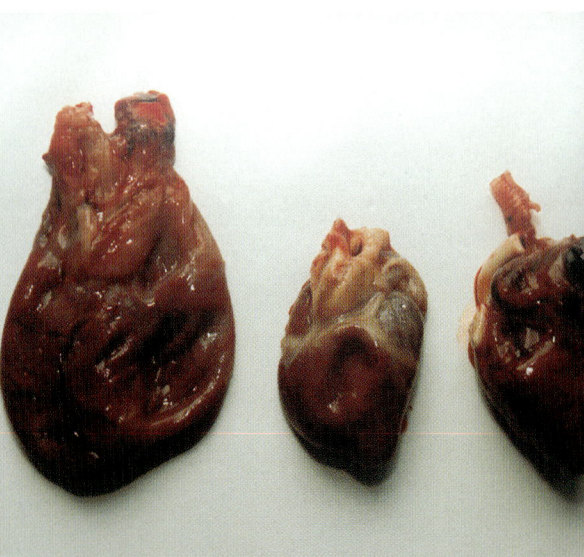

darf auch in der Endmast nicht verwendet werden.

7.3.2 Mykotoxikose

Mykotoxikosen sind akute bis chronisch verlaufende Erkrankungen, die nicht durch ein pilzbedingtes Infektionsgeschehen verursacht werden, sondern durch die orale Aufnahme von giftigen Stoffwechselprodukten (Mykotoxine). Mykotoxine sind Stoffwechselprodukte von Pilzen, die sehr stabil gegen Umwelteinflüsse sind. Mehr als 500 verschiedene Mykotoxine sind bekannt, von denen aber futtermittelhygienisch lediglich die Gattungen Aspergillus, Penicilium und Fusarium bedeutsam sind. Häufig kommen zeitgleich mehrere Pilze und Toxine im Futter vor, die in größeren Mengen bei einmaliger Verabreichung oder in geringen Mengen über einen längeren Zeitraum verabreicht, zu irreversiblen Organschäden führen können. Jungtiere werden durch Toxine stärker belastet als ältere Tiere. Eine Inkubationszeit kann nicht angegeben werden.

Die Belastung mit Pilzen und Mykotoxinen ist von den jährlichen bzw. örtlichen Erntebedingungen, den Lagerungsverhältnissen und bei Importfuttermittel aus Übersee zusätzlich von den Transportbedingungen abhängig. Zu lange Futterlagerungszeiten oder starke Temperaturschwankungen, vor allem im Sommer, begünstigen ein Pilzwachstum und die Mykotoxinbildung. Das Verfüttern von übrig gebliebenen Futterresten vom letzten Mastdurchgang oder nicht gereinigte Futtersilos stellen weitere häufige Ursachen für Mykotoxikosen dar. Mykotoxine werden auch durch die Hitzeentwicklung während der Pelletierung des Futters nicht alle zerstört. Da eindeutige Organbefunde fehlen, ist die Diagnose oft nur durch eine Futtermitteluntersuchung auf Pilze und Mykotoxine möglich. Als allgemeine Zeichen gelten ein langsamer Leistungsverlust der Herde und eine erhöhte Anfälligkeit gegenüber anderen Erkrankungen. Eingeleitete antibiotische Behandlungen bleiben ohne sichtbaren Erfolg. Die Sterblichkeitsrate ist sehr variabel.

Therapie und Prophylaxe

Eine direkte Therapie ist nicht möglich. Ein sofortiger Futterwechsel ist vorzunehmen. Die Gabe von Vitaminen und Elektrolyten begünstigt die Selbstheilung. Das alleinige Entfernen von verdorbenen Futterstellen aus der gesamten Lieferung ist nicht ausreichend, da das äußerlich unbelastet erscheinende Futter auch mit Toxinen behaftet sein kann. Vorbeugend sollte an heißen Tagen darauf geachtet werden, dass die Futterlieferung jeweils nur für eine Woche bestellt wird. Futter, welches hochgradig mit Mykotoxinen behaftet ist, muss vernichtet werden und darf auch nicht an eine andere Tierart, wie z. B. das Schwein, verfüttert werden.

7.4 Protozoeninfektionen

Bei den Protozoen handelt es sich um primitivste Lebensformen, die den Übergang von der Pflanzen- zur Tierwelt bilden. Sie sind mikroskopisch klein und bestehen aus einer einzigen Zelle, die aber schon organartige Gebilde enthält. Ihr Lebensbereich ist häufig der Darmtrakt von größeren Lebewesen. Durch einen stetigen Erregerkontakt sind sie in der Lage eine belastbare Immunität zu hinterlassen. Sie sind beim Geflügel zwar weit verbreitet,

Oben links: Eröffnete Leibeshöhle einer acht Wochen alten Pute mit blutiger Darmentzündung. Durch die Blutbeimengungen sind beide Blinddärme und Mageninhalt dunkel gefärbt.

Oben rechts: Blutige Darmentzündung: Der Kot ist durch die Blutbeimengungen dunkel verfärbt.

Mitte links: Strohfresser: Zu einem Knäuel geformtes Stroh im Muskelmagen.

Mitte rechts: Eröffnete Leibeshöhle einer sieben Wochen alten Pute mit einer Coliinfektion. Herzbeutel und Leber sind mit weißlichen Fibrinmassen überzogen.

Unten links: Teilnahmslose Pute (4 Wochen) mit Coliinfektion nach einer TRT.

Unten rechts: Herzen von Puten (7 Wochen). Rechts: normales Herz, Mitte: beginnendes Kugelherz, Links: hochgradiges Kugelherz.

Abb. 9. Lokalisation und Pathogenität der verschiedenen Kokzidienarten bei Puten (nach Reid 1978).

aber nur wenige Arten rufen schwere Infektionskrankheiten hervor. Die wirtschaftlich bedeutendsten Infektionen sind die Kokzidiose und die Schwarzkopferkrankung.

7.4.1 Kokzidiose

Die Kokzidien-Infektion ist durch die massive Zerstörung der Darmschleimhaut die bedeutendste parasitäre Erkrankung in der Putenhaltung. Die wirtschaftlichen Verluste äußern sich in Wachstumsdepressionen, verschlechterten Futterverwertungen und erhöhten Tierverlusten. Krankheitsverläufe und wirtschaftliche Schäden hängen sehr stark vom Alter der Tiere ab. Begünstigende Faktoren sind Einstreuqualität, Besatzdichte, Luftqualität und Betriebsmanagement.

Bei der Pute werden sieben verschiedene Kokzidien-Arten unterschieden. Krankmachend für sie sind aber nur *Ei-*

Kokzidienart	E. adenoeides	E. meleagrimitis	E. gallopavonis	E. dispersa	E. innocua	E. meleagridis	E. subrotunda
Lokalisation ■ Läsionen ▦ gelegentlich Läsionen ▨ ohne Läsionen	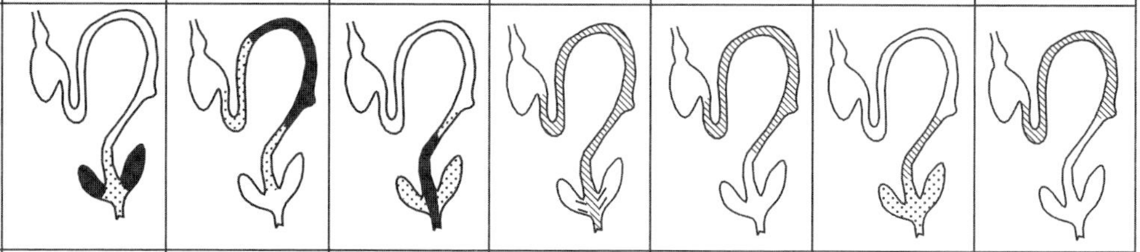						
Läsionen	Wässriger bis schleimiger Darminhalt Blutbeimengung	Schleimige Anschoppung mit Blutung	Gelbliche Exsudate Schleimhaut Ulzeration	Wässrige Exsudate	keine	Gelbkäsige Beläge im Blinddarm	keine
Sporilationsdauer (Std.)*	24	18	15	35	< 48	24	48
Präpatentzeit (Std.)*	103	103	115	120	114	110	95
Pathogenität	++++	++++	++++	+	-	-	-

*minimale Zeit

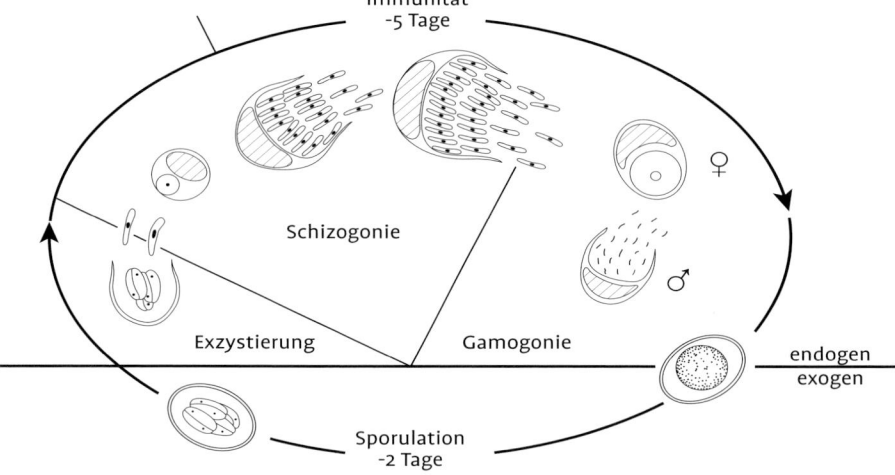

Abb. 10. Zeitlicher und räumlicher Entwicklungszyklus von Kokzidien.

meria meleagrimitis als Dünndarm- und *Eimeria adenoeides* als Dickdarmbewohner. Kokzidien weisen eine sehr hohe Wirts- und Gewebespezifität auf. Ihr Entwicklungskreislauf erfolgt direkt, ohne weiteren Zwischenwirt. Während ihrer Entwicklung unterscheidet man eine innere (endogene) und äußere (exogene) Phase.

Die endogene Phase beginnt mit der Aufnahme von infektionsfähigen Oozysten. Nachdem in der Darmschleimhaut mehrere ungeschlechtliche Teilungen (Schizogonie) stattgefunden haben, wird die Vermehrung durch eine geschlechtliche Teilung (Gamogonie) abgeschlossen. Vier bis sieben Tage nach oraler Aufnahme der Oozysten werden große Mengen an noch nicht infektiösen Oozysten mit dem Kot ausgeschieden. Unter geeigneten Bedingungen reifen sie während der exogenen Phase zu infektiösen Oozysten heran. Die exogene Entwicklung ist unter günstigen Bedingungen von 25–30 °C bei optimaler Luftfeuchte und ausreichender Sauerstoffzufuhr nach 48 Stunden abgeschlossen. Die Oozysten sind doppelschalig und deshalb sehr überlebensfähig in der Außenwelt. Nur weinige Desinfektionsmittel, wie z. B. Neopredisan, sind in der Lage die Schale zu zerstören.

Die Ansteckung erfolgt durch orale Aufnahme von infektiösen Oozysten. Eintragsquellen für Kokzidien stellen immer wieder ungenügend gereinigte und desinfizierte Stalleinrichtungen und andere Gerätschaften dar. Aber auch bei Ersteinstallungen nach Stallneubauten sind Kokzidiosen nicht selten. Die klinische Infektion mit Kokzidien findet zwischen der dritten und sechsten Lebenswoche statt.

Der Ausbruch einer Kokzidiose kündigt sich häufig durch ein lautes Klagen der Herde an, hervorgerufen durch Schmerzen im Bauchraum. Die Tiere zeigen ein gesträubtes Gefieder und lassen die Flügel hängen. Durch ein erhöhtes Wärmebedürfnis drücken sich die Puten in Haufen zusammen oder versammeln sich unter dem Strahler. Der Kot ist dünnflüssig und teilweise schaumig. Schleimbeimengungen und Blutspuren können enthalten sein. Die Sterblichkeitsrate kann in Extremfällen bis 50 % betragen.

Bei der Sektion findet man gerötete Darmabschnitte. In schweren Fällen ist die Darmschleimhaut mit weißlichen Belägen überzogen. Bei der lichtmikroskopischen Untersuchung von Darmabstrichen können massenhaft Oozysten gesehen werden.

Tab. 10. Zugelassene Futterzusatzstoffe zur Verhütung der Kokzidiose bei Puten

Zusatzstoffe	Handelsname	Höchstalter der Tiere	Wartezeit
Amproliumethopabat	Amprol plus	Bis Legereife	3 Tage
Halofuginon	Stenorol	12. Woche	5 Tage
Robenidin	Cycostat	ohne Einschränkung	5 Tage
Metichlorpindol	Lerbek	12. Woche	5 Tage
Monensin	Elancoban	16. Woche	5 Tage
Lasalocid	Avatec	12. Woche	5 Tage
Maduramicin	Cygro	12. Woche	5 Tage
Diclazuril	Clinacox	12. Woche	5 Tage

Therapie und Prophylaxe
Zur Therapie eignen sich Sulfonamide (Sulfaquinoxalin-Na) und Kombinationen von Sulfonamiden (Sulfacloxin). Bei ihrem Einsatz ist auf Unverträglichkeiten mit einigen Kokzidiostatika zu achten. Das Mittel der Wahl stellt Toltrazuril (Baycox) dar. Die Gabe von Toltrazuril unterbricht nicht den Immunisierungsprozess. Toltrazuril ist für die Pute sehr gut verträglich und ist mit allen zugelassenen Kokzidiostatika zusammen anwendbar. Zur Vorbeuge einer Kokzidiose werden dem Futter Kokzidiostatika beigemischt. Eine vorbeugende Impfung steht für die Pute in Deutschland zur Zeit noch nicht zur Verfügung. Nach jeder Ausstallung und Reinigung des Stalls ist eine zusätzliche Desinfektion mit einem Desinfektionsmittel mit antiparasitärer Wirkung durchzuführen.

7.4.2 Schwarzkopferkrankung

Die Schwarzkopferkrankung (Blackhead, Histomoniasis, Typhlohepatitis) wird durch Einzeller (Flagellaten) hervorgerufen, die im Blinddarm im Zusammenspiel mit einer geeigneten Darmflora schmarotzen. Der Erreger, *Histomonas meleagridis*, vermehrt sich durch Zweiteilung und ist außerhalb des Tieres sehr empfindlich gegenüber äußeren Einflüssen. Die alleinige orale Aufnahme von Histomonaden reicht für eine Infektion nicht aus. Um den Säureschutzschild des Magens zu durchbrechen benötigen sie einen Transportwirt. Dieses „Trojanisches Pferd" stellen die Eier oder Larven der Pfriemenschwänze, (*Heterakis gallinarum),* ein im Dickdarm schmarotzender Blinddarmwurm dar. Die Histomonaden können in den embryonierten Eiern bis zu vier Jahre lebensfähig bleiben und so in unbefestigten Ausläufen eine immer wiederkehrende Infektionsquelle bilden. Die Erreger gelangen nach der oralen Aufnahme von *Heterakis gallinarum*, in dessen Eiern bzw. Larven die Histomonaden vorhanden sind, sowie durch die Aufnahme von Regenwürmern und anderen Insekten, die als Stapelwirt für die Heterakiden und Histomonaden dienen, in den Darm. Nach neuesten Untersuchungen können sich Puten auch direkt ohne „Trojanisches Pferd" mit Histomonaden infizieren. Durch ein sogenanntes „cloacal-drinking" kommt es über die Kloake zu einer aufsteigenden Darminfektion. Im Tier dringen sie sofort in die Blinddarmwand, um sich zu vermehren. Von dort kommen sie über den Blutweg zur Leber. Sowohl im Darm als auch in der Leber rufen sie die für die Erkrankung sehr typischen Entzündungen hervor. Die Puten sind von der sechsten bis zur zwölften Lebenswoche am stärksten gefährdet. Die Inkubationszeit beträgt 7 bis 12 Tage.

Das klinische Bild zeigt sich durch Schläfrigkeit und Bewegungsarmut. Viele Tiere haben heruntergehende Flügel. Die Augen sind geschlossen. In der Einstreu findet man sehr typische schwefelgelbe dünnflüssige Kotstellen. Infolge der hochgradigen Kreislaufstörungen kann der Kopf dunkel (Schwarzkopfkrankheit) verfärbt sein. Die Sterblichkeit kann bei Putenhähnen bis 90 % betragen.

In der Sektion findet man die charakteristischen rhomboiden, deutlich abgehobenen weißlichen Herde auf der vergrößerten Leber. In den vergrößerten Blinddärmen sind käsige oder mehr trockene gelbliche Massen zu finden, die pfropfenartig den gesamten Blinddarm ausfüllen können. Die Diagnose kann durch einen PCR-Erregernachweis abgesichert werden.

Therapie und Prophylaxe
Eine direkte antibiotische Behandlung ist nicht möglich. Seit 1997 besteht für alle Benzimidazole ein europaweites Anwendungsverbot. Da Histomonaden sich nach einer Infektion in die Darmwand einnisten, sind auf rein pflanzlicher Basis bestehende Produkte nicht ausreichend wirksam. Als Vorbeuge sind nur betriebshygienische Maßnahmen zu nennen. Vorbeugende chemische Futterzusatzstoffe sind nicht mehr auf dem Markt.

7.5 Endo- bzw. Ektoparasiteninfektionen

7.5.1 Magen-Darm-Wurminfektion

Die Magen-Darm-Würmer sind in der Intensivhaltung stark zurückgegangen. Durch das stallweise Rein-Raus-Verfahren und dank der guten Reinigung und Desinfektion sowie durch das Vorhandensein von Betonböden ist ihre wirtschaftliche Bedeutung eher gering. Da als Einstreumaterial in der Putenmast jedoch regelmäßig Stroh verwendet wird, ist eine Infektion grundsätzlich jederzeit möglich. Werden die Puten auf Sandböden oder sehr undichten und rissigen Betonböden gehalten, erhöht sich die Infektionsgefahr erheblich. In der alternativen Freilandhaltung sind Magen-Darm-Wurminfektionen regelmäßig anzutreffen.

Die **Bandwürmer**, die zur Entwicklung als Zwischenwirt Schnecken oder Käfer benötigen, verankern sich mit ihren Saugnäpfen in der Darmschleimhaut. Der Schaden liegt in einer Leistungsminderung durch den Entzug von Nährstoffen.

Von den **Rund- oder Fadenwürmern** hat der Luftröhrenwurm *(Syngamus)*, der als Zwischenwirt Schnecken oder Regenwürmer benutzt, die größte Bedeutung. Sie parasitieren in der Luftröhre und führen dort zu Entzündungen. Bei hochgradigem Befall kommt es sogar zu Atembeschwerden.

Die **Magenwürmer** benötigen als Zwischenwirt Heuschrecken oder Flöhe. Der Schaden liegt in einer Schädigung der Magenschleimhäute.

Die **Haarwürmer** (Kapillarien 1 bis 5 cm lang) können Dünn- und Dickdarm besiedeln. Die infektiösen Eier werden oral aufgenommen und schlüpfen im Darm. Durch Schleimhautverletzungen kann es zu Durchfällen und Blutverlusten (blasse Tiere) kommen.

Die **Pfriemenschwänze** (Heterakiden) befallen den Dickdarm (Blinddarm) und haben ihre hauptsächliche Bedeutung als Erregerreservoir für die Schwarzkopf-Erkrankung. Darüber hinaus richten sie keinen großen wirtschaftlichen Schaden an.

Die **Spulwürmer** (Ascariden) befallen den Dünndarm. Die Infektion erfolgt oral durch die Aufnahme von Askarideneiern aus dem Erdreich oder der Einstreu. Aus den aufgenommenen Eiern schlüpft im Darm eine Larve, die sich in der Darmwand festsaugt. Unter optimalen Entwicklungsbedingungen können nach 28 Tagen mit dem Kot erneut Eier ausgeschieden werden. In der Außenwelt reifen die Eier je nach Temperatur und Feuchte innerhalb von ein bis zwei Wochen zu infektionstüchtigen Eiern heran.

Der Wurmbefall äußert sich durch schlechte Futterverwertung, untergewichtige Tiere sowie eine blass erscheinende Herde. Bei Einzeltieren kann es infolge von hochgradigem Wurmbefall zu Darmverstopfungen kommen.

Die Diagnose „Magen-Darm-Würmer" erfolgt entweder durch den Nachweis von ausgewachsenen Würmern im eröffneten Darm oder durch den lichtmikroskopischen Nachweis von Wurmeiern in der Untersuchung von Kotproben.

Therapie und Prophylaxe
Die Behandlung erfolgt mit Flubendazol über Futter (Flubenol) bzw. Trinkwasser (Solubenol) für die Dauer einer Woche oder mit Levamisol (Citarin) als einmalige Trinkwassergabe. Die Behandlung ist im Abstand von drei Wochen zu wiederholen. Putenbestände mit mehreren unterschiedlichen Altersgruppen, Betriebe, die ihre Puten in Ställen mit unbefestigten Böden halten oder Betriebe mit Feilandhaltung, müssen entweder eine monatliche Kontrolluntersuchung von Sammelkotproben auf Magen-Darm-Würmer veranlassen oder regelmäßig ihre Tiere vorbeugend entwurmen. Nach der Ausstallung der Tiere ist gründlich zu reinigen und zu desinfizieren. Eine Erneuerung oder Ausbesserung von stark rissigen Fußböden ist unter Umständen angezeigt. Unbefestigte Sandausläufe sind einmal jährlich mit Kalk zu behandeln.

7.5.2 Insekten, Schädlinge

Der Ektoparasitenbefall spielt in der intensiven Putenmast nur eine untergeordnete Rolle. Durch regelmäßige Reinigung und Desinfektion sowie stall- bzw. betriebsweise Rein-Raus-Haltung sind diese Schädlinge unbedeutend geworden. Federlinge, Flöhe, Käfer, Kalkbein-, Vogel-, Feder-, Luftsack- und Futtermilben sowie Zecken sind jedoch in der Freilandhaltung und in Betrieben mit sehr schlechten Hygieneverhältnissen noch anzutreffen. In einigen Aufzuchtställen, in denen sich diese Schädlinge (besonders Käfer) aufgrund von Unterschlupfmöglichkeiten in Spalten und Ritzen der Bekämpfung entziehen, sind sie auch unter guten Hygieneverhältnissen als Bestandsproblem vorzufinden. Sie können Krankheiten von Durchgang zu Durchgang übertragen.

Therapie und Prophylaxe
Die Bekämpfung ist erschwert, da die zur Verfügung stehenden Mittel nur die Larvenstadien und die ausgewachsenen Schädlinge, jedoch nicht deren Eier erfassen. Deshalb ist z. B. bei Milbenbefall eine Wiederholungsbehandlung nach sieben bis zehn Tagen unbedingt notwendig. Regelmäßige Reinigung und Desinfektion sowie Ektoparasitenbehandlung nach der Ausstallung verhindern das Entstehen einer nennenswerten Ektoparasitenpopulation während der Aufzucht und Mast.

7.6 Andere Erkrankungen

Neben den infektiösen Erkrankungen treten beim Geflügel auch gesundheitliche Schäden auf, die ihre Ursache in einer ernährungsbedingten Unterversorgung beziehungsweise Überversorgung haben können. Weitere Störungen können durch in ihrer Erbstruktur festgelegte Fehlinformation hervorgerufen werden. Auch Unverträglichkeiten zwischen Kokzidiostatikum im Futter und über das Trinkwasser verabreichte Medikamente können bei der Pute Vergiftungen hervorrufen.

Diese unterschiedlichen Erkrankungsformen werden bei der Pute zwar nicht so häufig wie die oben beschriebenen Infektionskrankheiten angetroffen, sind aber deshalb nicht minder in ihrer Bedeutung und ihren wirtschaftlichen Schäden. Ihr Auftreten ist meist auf Einzeltiere beschränkt; es können aber auch ganze Herden davon betroffen sein.

7.6.1 Dysbiose (unspezifischer Durchfall)

Der Darm ist als Resorptions- und Sekretionsorgan für die Nahrungsverwertung des Körpers verantwortlich. Schleimhautoberfläche und Darminhalt sind mit vielen Milliarden Mikroorganismen besiedelt. Sie lassen sich in einige hundert verschiedene Spezies und Subspezies aufteilen. Die Gesamtheit der Darmsymbionten repräsentiert eine komplexe ökologische Einheit mit vielfältigen Aktivitäten. Vom Vorhandensein oder Fehlen aerober oder anaerober Keimgattungen können Hinweise über den Zustand der intestinalen Darmflora abgeleitet werden. Eine quantitative Erfassung von relevanten Keimgattungen sowie die Beurteilung von Konsistenz und pH-Wert erlauben Rückschlüsse auf physiologische und pathophysiologische Wechselwirkungen (z. B. Fehlbesiedlung) innerhalb der Darmflora und des Organismus. Die physiologische Darmflora schützt den Organismus vor pathogenen Erregern (Kolonisationsresistenz). Diese und mit der Nahrung aufgenommene Bakterien trainieren nicht nur ständig das Abwehrsystem, sie regulieren auch die Verdauung und sind zum Teil an der Vitaminbildung beteiligt. Durch Stress und Medikamente kann dieses Gleichgewicht der nützlichen und pathogenen Erreger gestört werden. Entlang der Darmwand ist viel lymphatisches Gewebe zu finden. Eine Beeinflussung der Darmflora hat somit nicht nur Auswirkungen auf das darmassoziierte Immunsystem, sondern auch auf das Schleimhautimmunsystem des gesamten Organismus.

Durch den Wegfall der antibiotischen Leistungsförderer sind Darmstörungen beim Geflügel häufiger geworden. In den Betrieben treten vermehrt unspezifische Durchfälle auf. Die Konsistenz wechselt von wässrig über breiig bis schaumig. Die Kotfarben in der Einstreu variieren von hellgelb bis dunkelbraun. Ohne Behandlung kommt es zu unspezifischen Beinschwächen mit Gelenksentzündungen und Brustblasenbildungen als Folge. Auch die Futterverwertung verschlechtert sich deutlich. Bei der Schlachtung differieren die Schlachtkörpergewichte erheblich.

Therapie und Prophylaxe

Eine Trinkwasserbehandlung mit Penicillin (Aviapen) oder Tylosin (Tylan) über mehrere Tage stoppt den Durchfall. Zusätzliche Gaben von Vitaminen und Mineralien sind sinnvoll. Die Einstreu ist unbedingt trocken zu halten, um der Bildung von Gelenksentzündungen und Brustblasen vorzubeugen. Die prophylaktische Verabreichung von Probiotika und/oder Prebiotika helfen die labile Magen-Darm-Flora zu stabilisieren. Auch die Gabe von organischen Säuren verbessert die Kotkonsistenz. Immunprophylaktische Maßnahmen stehen nicht zu Verfügung.

7.6.2 Knochenweiche

Es handelt sich um eine Erkrankung des Skelettsystems. Kalziummangel ist die Ursache für die weichen, gummiartigen

Knochen. Sie tritt vornehmlich in der Aufzucht auf und kann wenige Einzeltiere, aber auch ganze Herden befallen. Ursachen sind Vitamin D_3-Unterversorgung, zu geringe Futteraufnahme über einen längeren Zeitraum, falsche Mineralisierung des Futters sowie unbehandelte Darmerkrankungen mit Resorptionsstörungen.

Das klinische Bild zeigt sich durch Tiere, die häufig sitzen und in der Bewegung Schmerzen haben. Die Fortbewegung erfolgt gelegentlich unter Mithilfe der Flügel (Fledermausartige Fortbewegung).

In der Sektion findet man unauffällige Organe. Die Knochen sind weich und knacken beim Brechen nicht mehr. Bei älteren Tieren, die eine Rachitis-Erkrankung überstanden haben, findet man rosenkranzartige Verdickungen im Rippenbogenbereich.

Therapie und Prophylaxe
Die Behandlung besteht in der Verabreichung von Vitamin D_3 und Kalzium. Prophylaktisch sollte man Durchfallerkrankungen in der Aufzucht besondere Bedeutung beimessen. Vorbeugende Gaben von Vitamin D_3 und Kalzium über das Trinkwasser sind sehr wirksam.

7.6.3 Aortenruptur

Die Aortenruptur ist eine vornehmlich bei den Putenhähnen auftretende Erkrankung des Gefäßsystems. Durch einen Riss in der Gefäßwand der Hauptschlagader verbluten die Tiere in die Bauchhöhle hinein. Sie tritt vornehmlich zwischen der 8. und 24. Lebenswoche auf. Die Ursache scheint in einer grundsätzlichen genetischen Veranlagung (Bluthochdruck) zu liegen, die durch unbekannte Faktoren ausgelöst wird. Schnelles Wachstum begünstigt die Erkrankung.

Gut entwickelte Tiere verenden unter heftigem Flügelschlagen in Rücken und Bauchlage.

In der Sektion findet man geronnenes Blut in der Bauchhöhle. Die übrigen Organe sind durch den enormen Blutverlust sehr blass.

Gut entwickelter Putenhahn (20 Wochen alt), innerlich verblutet als Folge einer Ruptur der Hauptschlagader.

Therapie und Prophylaxe

Eine direkte Therapie ist nicht möglich. Vitamin K-Gaben sind wirkungslos, da keine Störung des Blutgerinnungssystems vorliegt. Die Verabreichung von Magnesium, Vitamin E oder Kupfer soll begünstigend auf den Krankheitsverlauf wirken. Als Prophylaxe kann für den gefährdeten Zeitraum eine restriktive Fütterung vorgenommen werden.

7.6.4 Spontane Myopathie (Kugelherz)

Diese bei Puten zwischen der ersten und achten Lebenswoche spontan auftretende Erkrankung des Herzens ist in seiner Ursache noch nicht restlos geklärt. Man vermutet Sauerstoffmangel in Folge eines Brutfehlers oder unzureichende Lüftung in der Aufzucht in Kombination mit einer genetischen Veranlagung als Ursache. Die Erkrankung tritt gehäuft in den ersten Lebenswochen auf.

Das klinische Bild zeigt sich durch teilnahmslos herumstehende Tiere. Die Ausfälle sind erhöht und können in Extremfällen bis 20 % betragen.

In der Sektion findet man ein kugelförmig vergrößertes Herz und wässriges Sekret im Herzbeutel. Die Leber ist geschwollen und im Bauchraum befinden sich Wasseransammlungen (Aszites).

Therapie und Prophylaxe

Eine Therapie ist nicht möglich. Prophylaktisch ist auf gute Belüftung in der Aufzucht zu achten.

7.6.5 Kannibalismus/Picken

Kannibalismus äußert sich bei der Pute in Picken an Kopf (besonders Nippel und Halsfalte), Zehengelenken und den Halsfedern. Die Ursachen sind Überbesatz, zu hohe Temperaturen oder zu intensives Licht (direktes Sonnenlicht), zu geringes Angebot an Wasser- und Futterplätzen, falsche Mineralisierung des Futters sowie sehr energiereiches Futter und Befall mit Ektoparasiten.

Kleine Hautpartien bis hin zum vollständigen Kopf-, Hals- und Rückenbereich sind federlos oder blutig geschwollen. Bei Ausheilung bildet sich Schorf. In verendeten Tieren findet man bei der Sektion häufig chronische Gelenks- oder Lungenentzündungen.

Therapie und Prophylaxe

Angepickte Tiere sind von der Herde abzusondern. Die Wundversorgung erfolgt mit hautfreundlichem Zinkoxydspray, abdeckendem Holzteer oder antibiotischer Salbe. Ablenkung und Abhilfe bringt das Verstreuen von grünen, fünfmarkstück- bis handtellergroßen Plastikteilen im Stall. Auch grüne Tannenzweige beschäftigen die Tiere. Der Einsatz von magnesiumhaltigen Präparaten über das Trinkwasser beruhigt die Herde. Kupfer- oder Kochsalzgaben sollen ebenfalls eine Linderung bringen. Das vorbeugende Kürzen des Oberschnabels kann das Picken und den Kannibalismus zwar nicht vollständig verhindern, bringt aber deutlich Abhilfe.

7.6.6 Spreizer

Diese Sprunggelenksdeformation (Perosis) der Pute ist sporadisch in Herden vorzufinden. Die Ursache soll in einem Mangan-Mangel bei gleichzeitiger Unterversorgung mit Vitamin E, Biotin oder Cholinchlorid liegen. Eine Knocheninfektion kann ebenfalls die ungenügende Rollkammausbildung bzw. -verknöcherung begünstigen. Die Tiere spreizen ein Bein seitlich ab, wodurch sie gehunfähig werden. Es sind regelmäßig nur Einzeltiere betroffen.

Therapie und Prophylaxe
Eine Behandlung ist nicht möglich. Befallene Tiere sind von der Herde abzusondern. Um eine weitere Ausbreitung zu stoppen, kann die Gabe von Kalziumpräparaten, Vitamin D und Vitamin C in Erwägung gezogen werden.

7.6.7 Oberschenkelbruch

Gelegentlich findet man bei schweren Putenhähnen Einzeltiere, deren Oberschenkel gebrochen ist (Femurfraktur). Die Ursache liegt wahrscheinlich in einem besonders schnellen Wachstum, wobei die Knochen nicht ausreichend mineralisiert worden sind. Eine Knochenknorpelentzündung im Oberschenkelhalsbereich wird ebenfalls als Ursache angesehen. Durch die Entzündung kommt es zum Absterben von Knochenknorpelgewebe, das als Sollbruchstelle bei einer extremen Belastung fungiert. Fehlerhafte Mineralisierung des Futters oder lang anhaltende, nicht behandelte Durchfälle begünstigen den Bruch der langen Röhrenknochen im Oberschenkelbereich.

Therapie und Prophylaxe
Eine Behandlung ist nicht möglich. Prophylaktisch sollten unspezifische Durchfälle mit Antibiotika, Säuren oder Kupfergabe in Kombination mit Vitaminen, Mengen- und Spurenelementen behandelt werden.

7.6.8 Intoxikation

Puten sind im Gegensatz zu anderen Geflügelarten gegenüber bestimmten Futterzusatzstoffen besonders empfindlich. Die Kokzidiostatika Narasin und Salinomycin-Na sind für Puten bereits in geringsten Mengen giftig und führen zu irreversiblen Schäden. Die Tiere verenden qualvoll.

Das für Puten zugelassene ionophore

Tiamulin-Monensin-Intoxikation: Tier in Seitenlage mit unkoordiniert nach hinten oder zur Seite gestreckten Beinen.

Kokzidiostatikum Monensin-Na kann bei Überdosierungen oder übermäßiger Futteraufnahme nach Futterentzug zu Vergiftungen führen. Auch ein hoher Anteil an Fischmehl kann die Empfindlichkeit der Pute gegenüber Monensin-Na erhöhen. Die Verabreichung von Tiamulin oder Sulfonamiden über das Trinkwasser bei gleichzeitiger Anwesenheit von Monensin-Na als Kokzidiostatikum im Futter kann ebenfalls zu Unverträglichkeiten bei der Pute führen.

Erste klinische Anzeichen für eine Intoxikation mit den Ionophoren sind Lähmungserscheinungen und unerklärbare Todesfälle. Selten ist die ganze Herde betroffen. Oft sind es nur Einzeltiere, die auf der Seite liegen und sich nicht bewegen können.

In der Sektion findet man eine helle Muskulatur im Schenkelinnen- und Flügelbereich.

Therapie und Prophylaxe

Beim Auftreten erster Symptome ist ein sofortiger Futteraustausch gegen ein kokzidiostatikumfreies Futter notwendig. Auch die Futterschalen müssen vollkommen geleert werden. Nach einigen Tagen erholt sich die Herde wieder. Von den Symptomen betroffene Tiere verenden jedoch in aller Regel. Vitamin E- und Vitamin B- Gaben zusammen mit Elektrolyten stabilisieren die Herde.

8 Gesetzliche Anforderungen und Auflagen

Die Haltung von Tieren ist gesetzlich geregelt. In den Gesetzen sind die Anforderungen und Einschränkungen für die Haltung, das Verbringen oder das Schlachten von Tieren geregelt. Die Rechtsvorschriften unterliegen in immer kürzer werdenden Abständen notwendigen Anpassungen und Ergänzungen. Der Inhalt des rechtlichen Teils ist deshalb immer mit den aktuellen rechtsverbindlichen Gesetze zu vergleichen. Die aktuellen Hinweise auf geänderte oder neue Rechtsvorschriften kann man den entsprechenden Fachblättern oder einer Datenbanken (www.bundesrecht.juris.de) aus dem Internet entnehmen.

8.1 Tierseuchengesetz (TierSG)

Das Tierseuchengesetz regelt die Bekämpfung im Seuchenfall und die Beitragszahlungen der Tierhalter an die Tierseuchenkasse. Eine Entschädigung wird geleistet für Tiere, die auf behördliche Anordnung getötet wurden, nach Anordnung verendet sind oder bei denen nach dem Tode eine anzeigepflichtige Tierseuche amtlich festgestellt worden ist. Entschädigt wird aber nur der gemeine Tierwert zum Zeitpunkt der Tötung. Keine Entschädigung wird gezahlt, wenn unter anderem Vorschriften von Gesetzen, Verordnungen oder behördliche Anordnungen nicht befolgt wurden, wenn die Seuche nicht angezeigt wurde, wenn Meldungen an die Tierseuchenkasse nicht korrekt waren oder wenn der Beitragspflicht nicht nachgekommen wurde.

Aus den gewonnen Erfahrungen der vergangenen Jahrzehnte ist eine Entschädigungsbegrenzung (§ 67 Abs. 3) beim Überschreiten einer bestimmten Bestandsgröße nicht mehr vorgesehen. Die Beiträge zur Tierseuchenkasse können nach Betriebsgröße und Betriebsstruktur sowie nach seuchenhygienischen Risiken (§ 71 Abs. 1) festgelegt werden. Seuchenvorbeugende Maßnahmen können bei der Risikobewertung des Einzelbetriebes beitragsmindernd berücksichtigt werden.

Das Tierseuchengesetz regelt darüber hinaus den Umgang mit gefährlichen Tierkrankheiten. Es unterteilt sie in **anzeigepflichtige Tierseuchen** und **meldepflichtige Tierkrankheiten**. Gemäß dem § 10 des Tierseuchengesetzes ist jeder zu Anzeige bei der Behörde oder zuständigen Polizeidienststelle verpflichtet, der Kenntnis über einen Ausbruch oder einen Verdacht der nachstehenden, beim Geflügel auftretenden Seuchen hat: Klassische Geflügelpest (Influenza H5 und H7), Newcastle-Infektion und Psittakose.

Nach der Verordnung über meldepflichtige Tierkrankheiten besteht für den Tierarzt eine Meldepflicht bei der zuständigen Behörde für folgende Erkrankungen des Geflügels: Gumboro-Infektion, Infektiöse Laryngotracheitis, Mareksche Erkrankung (akute Form), Clamydiose (außer Psittakose), Tuberkulose des Geflügels, Listeriose und Vogelpocken.

8.2 Impfpflicht

In Deutschland besteht zum Schutz vor einer Infektion mit der Newcastle-Krankheit eine Impfpflicht für Hühner und Truthühner. Diese ist durch die Geflügelpestverordnung in der geänderten Neufassung vom 20. 12. 2005 wie folgt geregelt:

Alle Betriebe, in denen Hühner oder Truthühner gehalten werden (unabhängig von der Tierzahl!), haben ihre Tiere durch einen Tierarzt gegen die ND zu impfen. Die Impfungen sind in einem angemessenen Abstand (4–8 Wochen) regelmäßig aufzufrischen. Hühner und Truthühner dürfen nur verbracht oder eingestallt werden, wenn aus einer tierärztlichen Bescheinigung hervorgeht, dass die Tiere gegen ND geimpft worden sind (bei Eintagsküken die Elterntiere). Im Falle eines begründeten Verdachts bzw. eines amtlich festgestellten Ausbruches der klassischen Geflügelpest oder der Newcastle-Krankheit sind die betroffenen Tiere zwingend zu töten und anschließend unschädlich zu beseitigen (inkl. der Eier). Unter ganz bestimmten seuchenhygienischen Voraussetzungen können Tiere, die gleichzeitig auf dem Gehöft getrennt in anderen Stallungen gehalten werden, von dieser Zwangstötung ausgeschlossen werden. Um das Seuchengehöft ist ein Sperrbezirk mit einem Radius von mindestens 3 km und ein Beobachtungsgebiet von weiteren 7 km einzurichten. Im Sperrgebiet dürfen drei Wochen lang keine Tiere sowie Bruteier transportiert werden. Geflügelmärkte, Ausstellungen und ähnliche Veranstaltungen dürfen in dieser Zeit nicht besucht werden. Geflügel, das frei herumläuft, muss im Stall gehalten werden. Darüber hinaus kann das Veterinäramt weitere Einschränkungen veranlassen.

8.3 Tierkörperbeseitigung

Aus Gründen der Tierseuchenbekämpfung, der Gefährdung der menschlichen Gesundheit und des Umweltschutzgesetzes ist es notwendig, totgeborene, verendete oder getötete Tier sowie Teile oder Erzeugnisse von ihnen (Eier, Milch, Schlachtabfälle) zu entsorgen. Dies wird neuerdings durch die EU-Verordnung 1774/2002 geregelt. Jeder Besitzer von Tieren ist grundsätzlich verpflichtet, angefallene Tierkörper einer Tierkörperbeseitigungsanstalt zukommen zu lassen. Die Tierkörper sind entweder in einem geschlossenen, flüssigkeitsdichten, kühl gelagerten Behältnis bis zur Abholung zu verwahren oder zu einer Sammelstelle zu bringen, von wo aus sie behördlicherseits entsorgt werden. Handelt es ich lediglich um vereinzelte Todesfälle in Kleinstbeständen, sind Ausnahmen möglich. Tierkörper dürfen in Einzelfällen vergraben werden. Sie müssen mit einer mindestens 50 cm starken Erdschicht, gemessen vom Grubenrand, bedeckt sein.

8.4 Bundes-Immissionsschutzgesetz (BImSchG)

Das Bundes- Immissionsschutzgesetz (4. Verordnung zum BischG) hat den Zweck, Menschen, Tiere und Pflanzen, den Boden, das Wasser, die Atmosphäre sowie Kultur und sonstige Sachgüter vor schädlichen Umwelteinwirkungen vorzubeugen. Nach diesem Gesetz sind

Schweine haltende und Geflügel haltende Betriebe ab der aufgeführten Größenordnung:
20 000 Legehennenplätze
40 000 Junghennenplätze
20 000 Putenmastplätze
40 000 Masthähnchenplätze
 2 000 Mastschweineplätze (> 30 kg)
   750 Sauenplätze
    (inklusive Ferkel bis 30 kg)
 6 000 Ferkelaufzuchtplätze
    (10 bis 30 kg)
genehmigungsbedürftig. Rinder werden im Genehmigungsverfahren nicht berücksichtigt. Die Erteilung der Genehmigung ist mit sehr strengen Umweltauflagen verbunden. In putenhaltenden Betrieben wird zwischen Aufzucht und Mast nicht unterschieden. In Betrieben mit mehreren Betriebszweigen wird die Tierzahl nach folgendem Schlüssel ermittelt: 1 Sauenplatz = 3 Schweinemastplätze = 30 Legehennenplätze = 60 Masthähnchenplätze.

In Gemischtbetrieben werden neuerdings bei der Ermittlung der Tierzahlobergrenze alle auf dem Betrieb gehaltenen Schweine und Geflügelarten mitgezählt. Durch den Wegfall der vorherigen 10 %-Regelung werden jetzt auch kleinste Tiergruppen bei der Berechnung erfasst.

sehen dabei Untersuchungen des lebenden und geschlachteten Geflügels vor. Sollen Tiere geschlachtet werden, so ist eine amtstierärztliche Lebendbeschau notwendig, die schon vor der eigentlichen Schlachtung eine größtmögliche Sicherheit gibt, dass nur gesunde Tiere zur Schlachtung geführt werden. Nachdem die Tiere betäubt und entblutet worden sind, erfolgt am Schlachtband die Tierkörperuntersuchung auf Unbedenklichkeit für den menschlichen Verzehr. Dazu wird von amtlichen Fachassistenten, die unter tierärztlicher Aufsicht stehen, jeder einzelne Schlachtkörper begutachtet und bei Beanstandung ausselektiert.

Auch das neue Lebensmittelhygienerecht sieht für landwirtschaftliche Betriebe mit einer geringen Produktion von Geflügelfleisch die Möglichkeit der Eigenschlachtung mit einer angekoppelten Direktvermarktung vor. Für die Abgabe kleiner Mengen von Geflügelfleisch sind die Betriebe von den strengen Auflagen der gewerblichen Schlachtung befreit. Die Festlegung von Grenzwerten und Anforderungen an die Betriebe werden derzeit national ausgearbeitet und orientieren sich bis dahin an den alten Vorgaben.

8.5 Lebensmittelhygienepaket (VO 852-854/2004)

Diese direkt geltenden EG-Verordnungen regeln die Gewinnung, Zerlegung, Lagerung und den Handel mit frischem Geflügelfleisch. Sie fordern tierärztliche Kontrolle bei der Haltung der Tiere sowie die Zulassungspflicht der Schlacht- und Zerlegebetriebe und

8.6 Tierschutzgesetz (TierSchG)

Das Tierschutzgesetz in der Neufassung vom 18. 5. 2006 hat zum Ziel, die Verantwortung des Menschen für das Leben und das Wohlbefinden des Tieres rechtskräftig zu dokumentieren. Alle Personen, die Tiere halten, betreuen oder zu betreuen haben, müssen das Tier seiner Art und seinen Bedürfnissen entsprechend angemessen ernähren, pflegen und verhaltensgerecht unterbringen. Den Tieren ist eine artgemäße Bewegung zu ermöglichen, um Schmerzen, Leiden oder Schäden zu vermeiden. Über die artgerechte Haltung, Pflege und Ernährung der Tiere sind gewisse Kenntnisse und Fähigkeiten notwendig.

Neben vielen anderen Bereichen sind folgende Punkte für den Geflügelhalter von Bedeutung. Personen die berufs- oder gewerbsmäßig regelmäßig Tiere betäuben oder töten haben einen Sachkundennachweis zu erbringen. Das vollständige oder teilweise amputieren von Körperteilen ohne medizinische Indikation ist verboten. Die zuständige Behörde kann aber das Kürzen der Schnabelspitze beim Nutzgeflügel erlauben, wenn dies zum Schutz der Tiere unerlässlich ist.

Oben links:
Gicht: Puderzuckerartige Ablagerungen auf den Organe und serösen Häuten.

Oben rechts:
Dottersackentzündung: Nicht eröffnete Bauchhöhle eines zwei Tage alten Putenkükens mit aufsteigender Nabelentzündung.

Mitte links:
Lungenentzündung: Hochgradige Lungenverhärtung. Die rechte Lunge ist noch zur Hälfte funktionstüchtig. Es wurden Ornithobakter rhinotracheale-Bakterien und Aspergillen isoliert.

Mitte rechts:
Luftsackaspergillose: Knötchen im Luftsack.

Unten links:
Puten (7 Wochen) mit geschwollenen Köpfen in Folge einer TRT Infektion.

Unten rechts:
Pute (2 Wochen) mit einer hochgradigen Knochenweiche. Mit Hilfe der Flügel bewegt sich das Tier „fledermausartig" im Stall.

9 Einfangen und Verladen

Vor dem Verladen sollten die Puten ca. acht Stunden nüchtern sein, d. h. das Futter sollte rechtzeitig entzogen werden. Wasser wird bis zum Verladen weiterhin zur Verfügung gestellt.

Die Pute ist ein relativ großes und steifes Tier, leicht schreckhaft und anfällig für panikartiges Verhalten, blaue Flecken und Knochenbrüche. Deshalb ist es unbedingt notwendig, die Puten mit Ruhe und Sorgfalt zur Verladerampe zu treiben und zu verladen. Eine Gruppe, die im Gatter vor der Verladerampe festgesetzt wird, sollte die Zahl von 150 Tieren nicht überschreiten. Jeweils 40 bis 60 Tiere werden dann auf eine Verladebühne getrieben, die mit einer Hydraulik auf Lkw-Kistenhöhe gefahren wird. Zwei Personen können nun ohne großen Kraftaufwand die Tiere in die Transportkisten stecken oder schieben. Das Verletzungsrisiko wird so auf ein Minimum reduziert. Muss man die Puten, besonders die Hähne, herkömmlich per Hand vom Boden aus mit Hilfe von Treppchen verladen, so ist doch ein gehöriges Maß an Kraftaufwand nötig, um einen Lkw (bis zu 1000 Hähne) zu verladen. Der Anteil beschädigter Fleischteile bei den Puten ist bei der Verladung vom Boden aus außerdem meistens entschieden höher als bei der Verladung mittels Hebebühne.

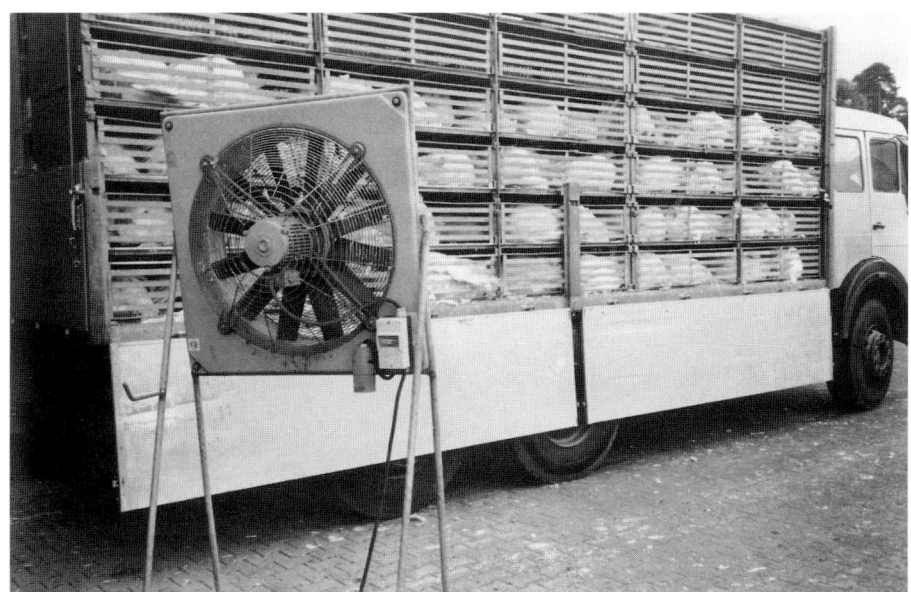

Putentransportfahrzeug: Es können ca. 1000 Tiere pro Fahrzeug geladen werden. Bei großer Hitze werden die Tiere durch zusätzliche Ventilatoren mit Frischluft gekühlt.

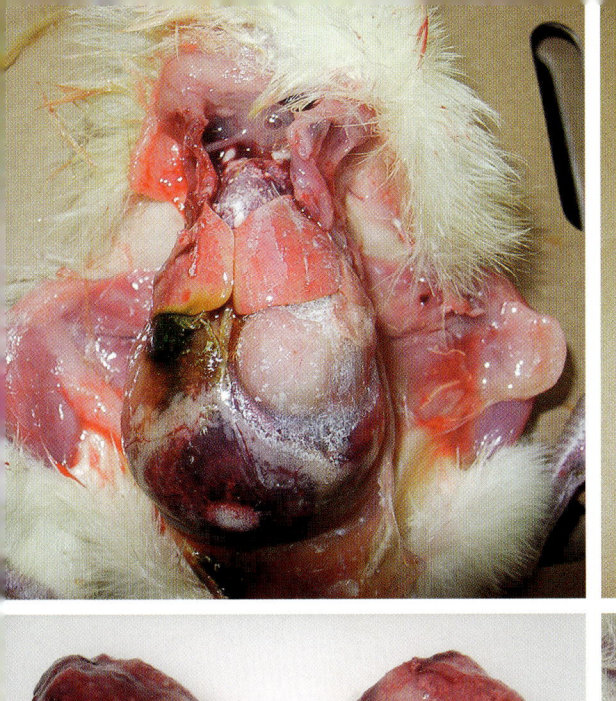
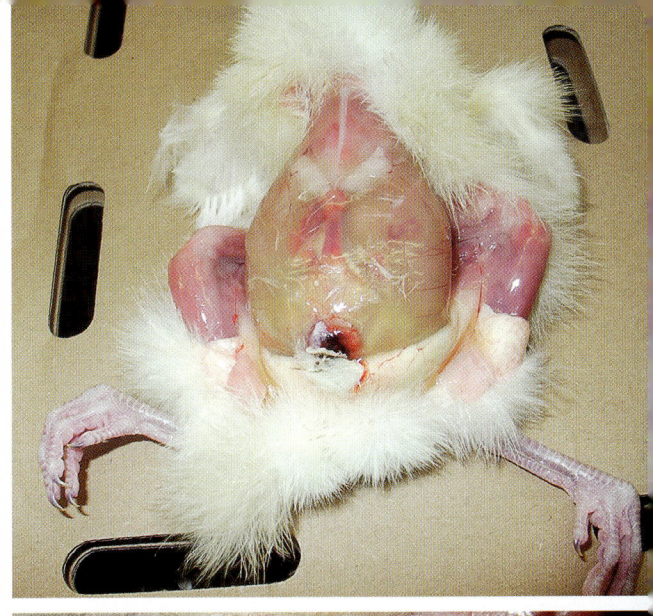
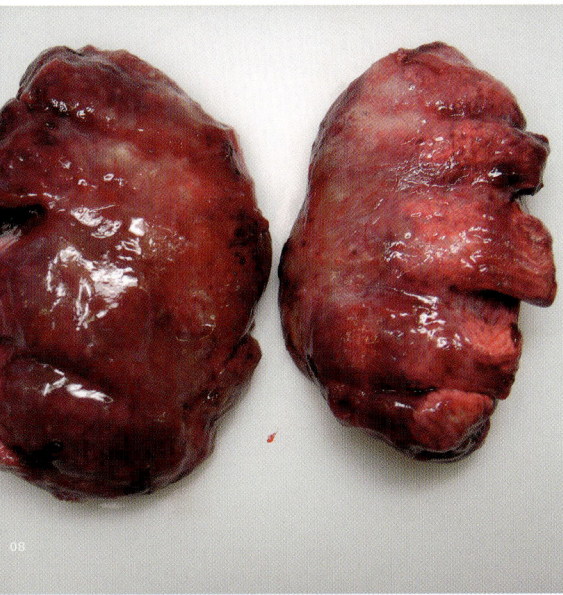
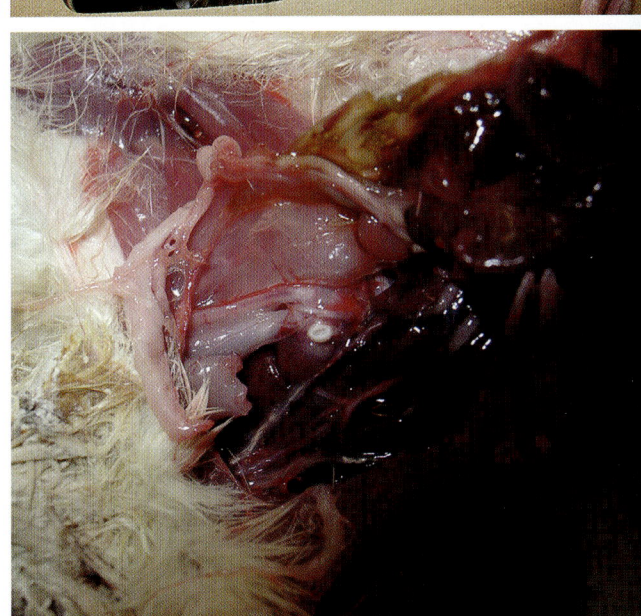

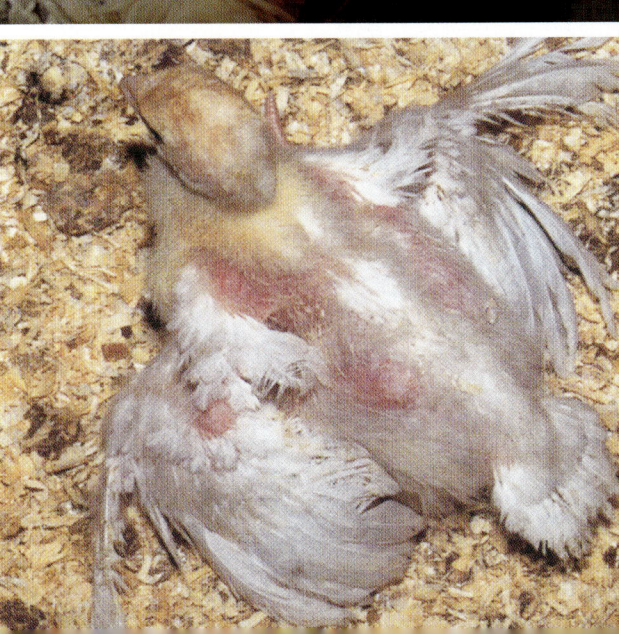

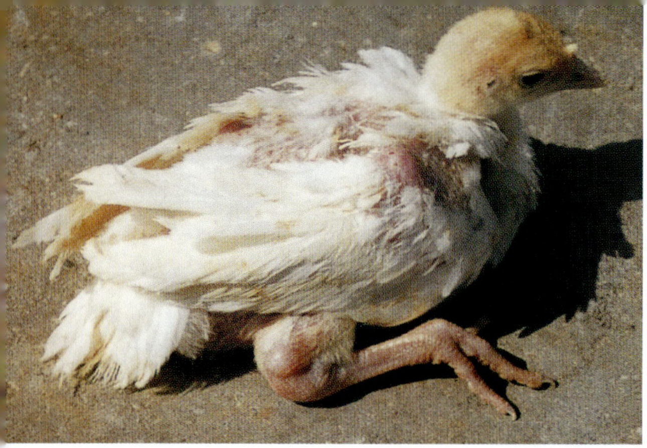

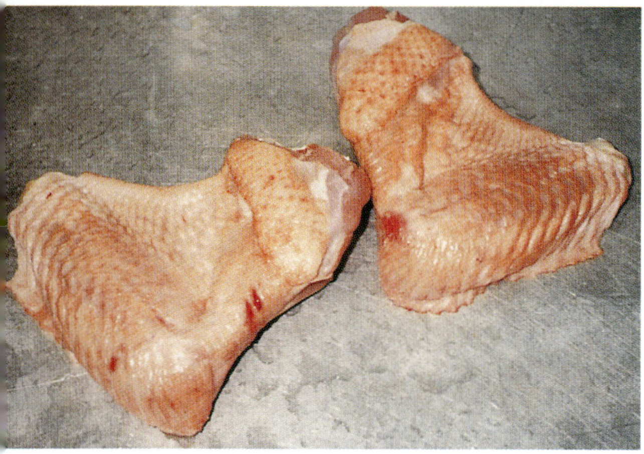

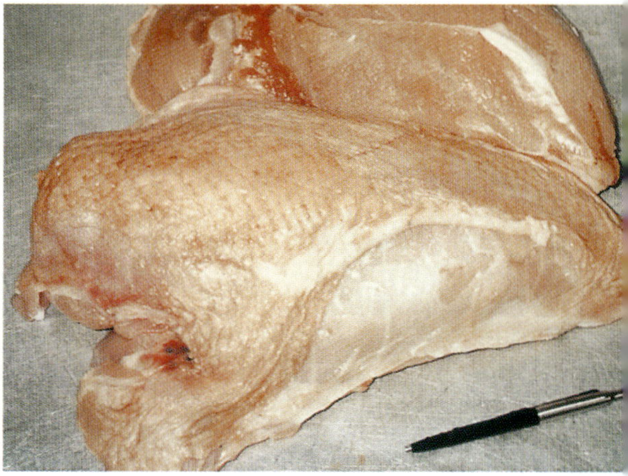

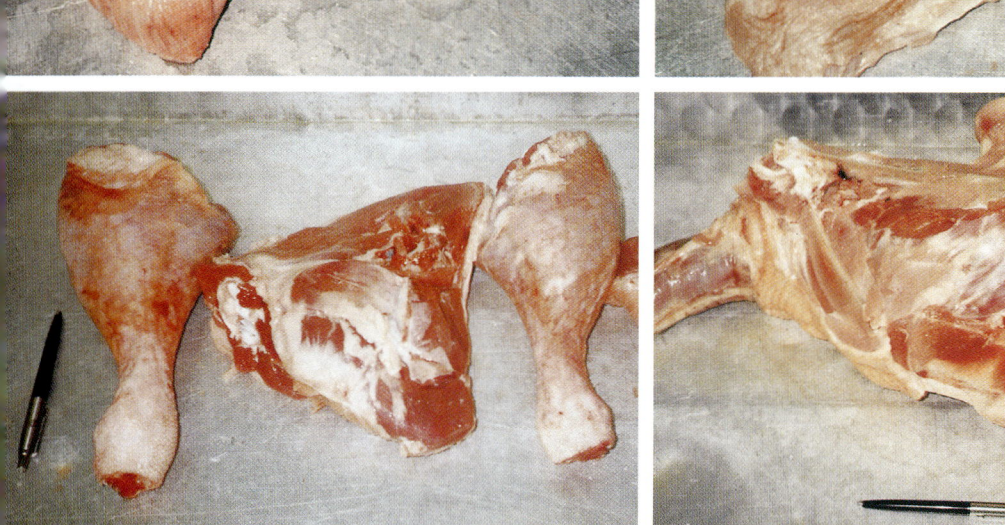
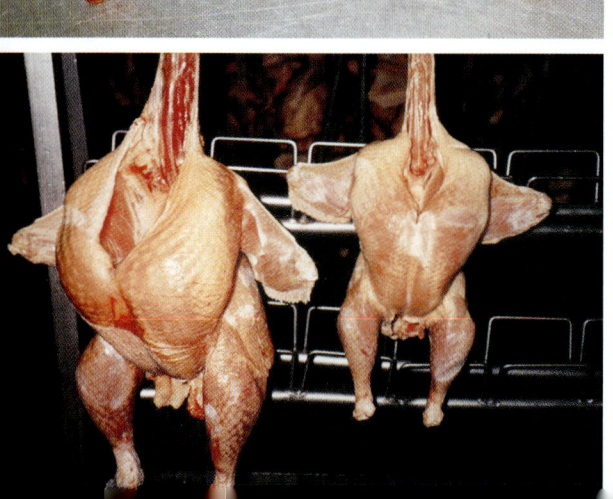

Einfangen und Verladen | 81

Verladung von Hennen mit Verladebühne. Jeweils ca. 50 Hennen werden auf die Bühne getrieben und hydraulisch in die gewünschte Verladehöhe gefahren. Das körperlich schwere heben der Tiere entfällt dadurch.

Ganz oben links: Pute (3 Wochen) mit einer Staphylokokkus aureus Infektion im Sprunggelenk.

Ganz oben rechts: Pute (6 Wochen) mit hochgradiger Lungenaspergilose. Das Tier ist teilnahmslos und hinkt beim Gehen.

Oben links: Putenflügel: Hahn.

Oben rechts: Putenbrust: Hahn.

Unten links: Ober- und Unterkeule: Putenhahn.

Unten rechts: Karkasse nach dem Ablösen von Brust, Keule und Flügel: Putenhahn.

Ganz unten links: Vergleich des Schlachtkörpers: Putenhahn (rechts) und Putenhenne (links).

Ganz unten rechts: Ausgewählte Putenspezialitäten.

10 Schlachten

Die Schlachtung erfolgt zu dem bei der Einlage der Eier bzw. Einstellung der Puten bis auf etwa eine Woche genau festgelegten Termin. Einen Tag vor der Ausstallung erfolgt die vom Amtstierarzt angeordnete Lebendtierbeschau im Stall des Mästers. Die als gesund eingestuften Tiere werden bei der Ankunft in der Schlachterei erneut von einem Veterinär in Augenschein genommen. Dieser registriert auch transportbedingte Schadensfälle und gibt die gesunden Tiere zur Schlachtung frei.

Auch die Schlachtung selbst erfolgt in Anwesenheit des zuständigen Amtstierarztes und der staatlichen Geflügelfleischkontrolleure. Jedes einzelne Tier wird am Schlachtband begutachtet; besonders die Innereien geben Aufschluss auf nicht genusstaugliche Tiere. Die untersuchten Tiere werden dann als tauglich oder untauglich eingestuft.

Mit der 16. Lebenswoche sind die Hennen und ab der 21. Lebenswoche die Hähne schlachtreif. Der Lkw, der die Tiere abholt, hält am zweckmäßigsten direkt neben dem Schlachtband. So können die Puten aus den Transportkäfigen genommen und ans Band gehängt werden. Sie werden sofort im Wasserbad elektrisch betäubt und mit-

Frisch geschlachtete Putenhähne am Schlachtband.

Putenhähne nach dem maschinellen Rupfen.

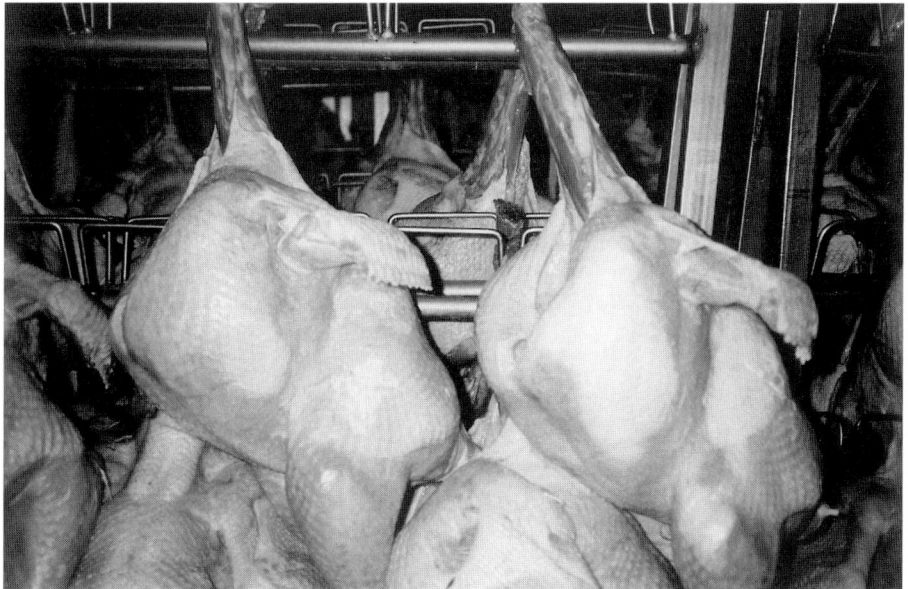

Fertig geschlachtete und gekühlte Putenhähne bereit für die Weiterverarbeitung.

tels Durchtrennen der Halsschlagader getötet. Die Puten können dann über einer Rinne ausbluten. Am Band hängend durchlaufen sie für vier bis fünf Minuten bei 51 bis 52 °C einen Brühkessel und anschließend die Rupfstraße, wo ca. 99 % aller Federn entfernt werden. Das Verhältnis Brühtemperatur zur Verweildauer im Kessel muss optimal aufeinander abgestimmt sein, weil ansonsten die äußere Haut beschädigt wird. Viele Teilstücke lasen sich nur mit ganzer, unbeschädigter Haut verkaufen.

Nach dem Rupfen werden die Schlachtkörper ausgenommen. Von den Innereien werden Herz, Leber und Magen gesondert verpackt und später vom Vermarkter verwertet. Im Kühlhaus werden die Puten ca. zehn bis zwölf Stunden auf 2 °C Kerntemperatur aus lebensmittelrechtlichen Gründen heruntergekühlt und anschließend weiterverarbeitet. Das kann noch im gleichen Betrieb erfolgen oder in speziellen Verarbeitungsbetrieben bzw. beim Vermarkter.

Die Federn werden abgeholt und in Spezialfabriken zu Federmehl verarbeitet. Die anderen Innereien kommen zu Tierkörperbeseitigungsanstalten.

11 Vermarktung

Putenfleisch wird fast ausschließlich frisch vermarktet. Nach dem Schlachten werden die auf 2 °C abgekühlten ganzen Fleischkörper an die Verarbeitung weitergegeben. Der Markt verlangt in einem immer noch steigenden Maße portionsgerechte Geflügelteile, die schnell und einfach zubereitet werden können. Der Verbraucher spart so viel Zubereitungs- und Arbeitszeit. Immer beliebter werden auch vorgefertigte Gerichte mit Putenfleisch. Folgende Geflügelteile werden bei der Pute unterschieden:
- Brust mit Haut und Knochen
- Brustfilet ohne Knochen
- Oberkeule
- Unterkeule
- Flügel
- Hals und Rücken
- Innereien (Herz, Leber, Magen)

Besonders das Brustfleisch des Hahnes eignet sich für die vielfältigsten Zubereitungsarten. Es wird zu Filet, Schnitzel, Steak oder Rollbraten in gewürzter, panierter, marinierter oder geräucherter Form verarbeitet. Je größer der Anteil Brustfleisch ist, desto lukrativer ist der Gesamterlös des Tieres in der Vermarktung. So hat z. B. ein sehr gut ausgemästeter Hahn mit 21 kg Lebendgewicht einen Brustfleischanteil von über 31 %, ein schlecht gemästeter mit 18 kg Lebendgewicht hingegen nur einen Anteil von ca. 27 %. Es ist daher auch besonders der Vermarktung daran gelegen, dass optimale Mastleistungen, d. h. hohe Lebendgewichte erzielt werden.

12 Kostenanalyse

Um eine erfolgreiche Putenmast zu betreiben, muss man das gesamte Verfahren analysieren und Schwerpunkte herausfiltern, auf die das Hauptaugenmerk zu richten ist. Auf der Seite der variablen Kosten sind mit Abstand die Futterkosten (ca. 50%) der größte und wichtigste Faktor. Für den Mäster bedeutet dies, dass er qualitativ hochwertiges Futter zu einem angemessenen Preis einkaufen muss, um eine gute Futterverwertung und niedrige Zuwachskosten/kg zur erzielen. Welch enorm großen Einfluss die Futterverwertung auf die Rentabilität im Vergleich zu anderen Parametern hat, zeigt **Tabelle 11**.

Aus diesen Vergleichsparametern wird deutlich, welch großer Anteil am Erfolg der Putenmast dem Bereich Management zuzuordnen ist. Selbst wenn man beim Stallbau € 50.000,– einsparen könnte, hätte dies nur eine Auswirkung von ca. € 0,15/Tier.

Vom Gesamtarbeitszeitbedarf werden pro produziertes Tier im Durchschnitt ca. 0,1 AKh in Anspruch genommen. Der größte Zeitfaktor ist das Einstreuen. Benutzt man dazu eine Einstreumaschine, so können pro AK mehr als die doppelte Anzahl Puten betreut werden. Bei fast allen Betrieben, die sich eine solche nachträglich angeschafft haben, wurden auch die Masterbegnisse deutlich besser. Diese Verbesserung lässt sich eindeutig auf die enorme Zeiteinsparung beim Einstreuen zurückführen. Die gewonnene Zeit kann für intensivere Kontroll- und Betreuungsmaßnahmen genutzt werden.

Im Diagramm auf der folgenden Seite sind die Mastleistungen, Marktleistungen, variablen Kosten und Stallplatzkosten in einer Erfolgsrechnung aufgeführt.

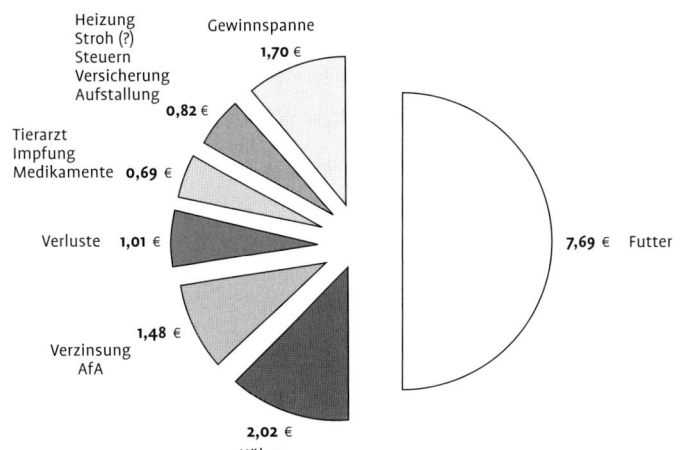

Abb. 11. Kostenverteilung bei der Putenmast.

Tab. 11. Einflüsse auf die Wirtschaftlichkeit der Putenmast		
Parameter	Veränderung +/–	Auswirkung Euro/Tier
Futterverwertung	0,1	0,40
Futterpreis	1,00 Euro/dt	0,50
Endgewicht	1 kg	1,30
Verluste	1%	0,45
Brustfleischanteil	1%	0,80

Vergleicht man den Deckungsbeitrag oder den Erlös pro Akh, so rentiert sich die Putenmast im Vergleich zur Hähnchen-, Schweine- oder Rindermast im Durchschnitt der letzten Jahre noch am ehesten. Berücksichtigt werden sollte aber, dass sich diese Kalkulation auf eine normale durchschnittliche Kostensituation bezieht. Im Einzelfall können höhere oder niedrigere Rentabilitäten erzielt werden. Alles in allem kann folgende Aussage getroffen werden:

Wird die Putenmast intensiv und professionell betrieben, ist sie ein lohnenswerter landwirtschaftlicher Betriebszweig mit guten Zukunftsaussichten am Fleischmarkt. Der Pro-Kopf-Verbrauch an Geflügelfleisch wird in den nächsten Jahren noch weiter steigen.

13 Alternative Putenhaltung

Immer mehr Verbraucher interessieren sich beim Kauf von Nahrungsmitteln auch für die Entstehung dieser Produkte, d. h. sie wollen wissen, wie, wo und womit Lebensmittel erzeugt werden. Gerade bei den ökologisch erzeugten Produkten gibt es im Lebensmitteleinzelhandel noch deutliche Zuwachsraten, allerdings bei durchweg fast konstantem Preisniveau. Man kann durchaus von einem Strukturwandel im Einkaufsverhalten bei ökologischen Produkten sprechen.

Bei der Motivation für den Kauf von Ökoprodukten hat sich das Bild gewandelt. So war bis vor ein paar Jahren der Aspekt vorrangig, dass Ökoprodukte wertvoller und frischer sind. Daneben war das zweite Argument entscheidend, Ökoprodukte aus gesundheitlichen Gründen zu kaufen. Heute sieht es so aus, dass auch ideologische Aspekte, z. B. der Beitrag zum Umwelt- und Natur- und Tierschutz, mehr in den Vordergrund treten.

Da gerade der Verzehr von Geflügelfleischprodukten (sowohl konventionell als auch ökologisch produziert) voll im Verbrauchertrend liegt, haben wir uns in den letzten Jahren besonders mit dieser Erzeugungsform befasst. Höchstes Augenmerk wurde dabei auf eine absolut transparente Produktion gelegt. Der Verbraucher soll jeden Schritt der Produktion nachvollziehen können.

Ratsam ist es, sich vor Produktionsbeginn auch hier genauestens zu überlegen, was produziert und welcher Kundenkreis angesprochen werden soll. Hier ist es empfehlenswert, keinesfalls „no name" zu produzieren, sondern sich einem Mitgliedsverband der AGÖL (Arbeitsgemeinschaft ökologischer Landbau) anzuschließen.

Nur so ist es möglich, auf einer soliden (auch Rechts-)Grundlage Ökoprodukte, im Besonderen auch Ökofleisch, zu produzieren.

Wenn das Produkt in den Handel gebracht werden soll, gehört neben einer Produktion in Anlehnung an die IFOAM-Richtlinien (International Federation Organic Agriculture Movements) genauso ein lückenloses Zertifikat einer unabhängigen Öko-Kontrollstelle als Begleitpapier zum Produkt.

Da sich so leicht kein Schlachthof finden lässt, welcher z. B. 50 Ökoputen separat schlachtet, ist es auch hier ratsam, dass sich mehrere Ökoproduzenten zu einer Gruppe zusammenschließen, um die Tiere gemeinsam zu schlachten und zu vermarkten (Erzeugergemeinschaft).

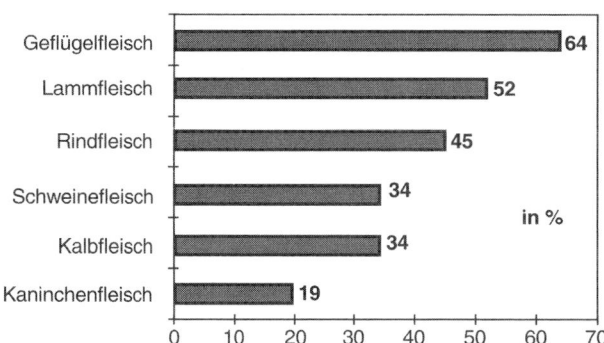

Abb. 12. Akzeptanz der verschiedenen Fleischarten bei Biokonsumenten.

13.1 Wahl der Rasse

Es sollte eine Rasse gewählt werden, die sich auch rein optisch von den in der konventionellen Mast verwendeten Rassen unterscheidet. Die bronzefarbene Pute ist prädestiniert für eine ökologische Haltung und Mast, da die dunklen Federkiele beim Schlachten (schwarze Federreste sind nach dem Schlachten am hellen Schlachtkörper deutlich zu sehen) dem Produkt das unverwechselbare Unterscheidungsmerkmal zu konventionellen Produkten mitgeben. Da diese Bronze-Herkünfte oftmals nur schwer zu beschaffen und als Küken auch recht teuer sind, kann man durchaus auch weibliche weiße Puten ökologisch halten und erfolgreich mästen.

Tab. 12. Gewichtskurven BBB

Alter in Wochen	Henne in kg	Hahn in kg
5	1,34	1,55
6	1,84	2,18
7	2,42	2,90
8	3,03	3,72
9	3,68	4,60
10	4,33	5,53
11	4,97	6,48
12	5,60	7,43
13	6,21	8,38
14	6,97	9,32
15	7,33	10,24
16	7,84	11,16
17	8,29	12,06
18	8,67	12,95
19	9,00	13,83
20	9,25	14,70
21		15,55
22		16,40
23		17,23
24		18,06

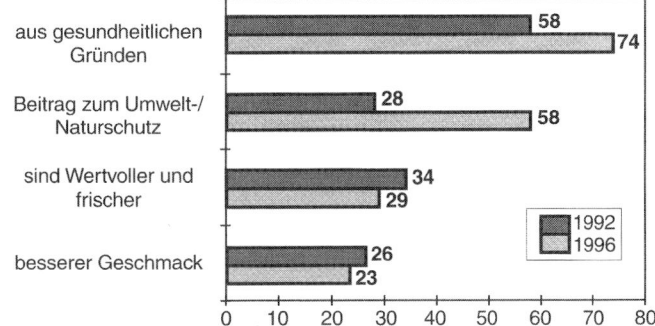

Abb. 13. Motivation für den Kauf von Ökoprodukten.

Männliche Puten haben oftmals einen erheblich höheren Anspruch an das Management und das Futter – besonders in der Aufzucht.

Es gibt mehrere Bronzeputen-Herkünfte. Es sollte hierbei eine Herkunft ausgewählt werden, die folgende Merkmale auf sich vereint:
○ Langsam wachsend,
○ vital,
○ robust,
○ beinstabil und
○ einzigartig in der Fleischqualität (feinfaserig).

13.2 Haltung

Die Eintagsküken werden konventionell aufgezogen, aber ökologisch gefüttert (siehe konventionelle Aufzucht Seite 16). Nach der 5. Woche werden sie in Ställe umgestallt (Altgebäude oder Scheunen), die einen Zugang zum Grünland ermöglichen. Da die Schnäbel nicht gestutzt werden, sollte mit halber Besatzdichte im Vergleich zur konventionellen Haltung gefahren werden (siehe Richtlinien Naturland Verband).

Diese niedrigen Besatz- und damit auch Bestandsdichten bilden die Grundlage für den Aufbau einer intakten Sozialordnung. Kannibalismus unter den Tieren findet man unter diesen Bedingungen kaum.

Puten, auch Freilandputen, sind unter der Voraussetzung, dass ein intaktes Federkleid aufgebaut ist, zwar hitze-, aber nicht kälteempfindlich. Deshalb nutzen die Tier den Stall vor allem als Sonnen- und Windschutz. Ab der 12. Woche entscheiden die Tiere selbst, ob sie draußen bleiben oder die Nacht im Stall verbringen.

Zur Abwehr von Mardern, Füchsen und anderem Raubwild hat es sich bewährt, ein Radio im Stall in Betrieb zu nehmen. Überall wo menschliche Stimmen oder Musik zu hören sind, traut sich das Raubwild nicht so schnell an die Puten heran.

Die Einzäunung erfolgt mit einem Wildzaun aus Kunststoff, der mit einem Metallfaden durchzogen ist und an ein Elektrozaungerät angeschlossen wird.

Auf der Weide sollte eine Tränke im Sommer vorhanden sein, aber kein Futter angeboten werden, damit keine Wildvögel angelockt werden und somit eventuell Krankheiten in die Herde einschleppen.

13.3 Fütterung

Vom 1. Tag an werden die Puten mit ökologischem Futter gefüttert, d. h. im Mittel stammen 85 % der Futterkomponenten aus ökologischem Anbau. Es darf keinerlei tierisches Eiweiß mit Ausnahme von Fischmehl im Starterfutter oder konventionelles Sojaschrot enthalten sein. Auf Leistungsförderer und Kokzidiostatika wird verzichtet. Auch ist der Einsatz von synthetischen Aminosäuren nicht gestattet. Dies kann im zeitigen Frühjahr zu Mangelerscheinungen führen, wenn junges Weidegras als Lieferant von Aminosäuren fehlt.

Eine dreigeteilte Fütterungsphase mit Protein- bzw. Energieanpassung hat sich als absolut ausreichend erwiesen.

Tab. 13a. GS Ö-Putenstarter gepr.
Ergänzungsfutter für Truthühnerküken
Zusammensetzung: Ökoweizen, Öko-Mais, Öko-Sojabohnen, Maiskleber, Kartoffeleiweiß, Fischmehl, Monocalciumphosphat, Calciumcarbonat, Vormischung
Gehalte an Inhaltsstoffen in %:   28,00 Rohprotein, 0,59 Methionin, 6,00 Rohfett, 3,00 Rohfaser, 8,00 Rohasche, 1,35 Calcium, 0,95 Phosphor, 0,15 Natrium, 12,2 MJ ME/kg
Zusatzstoffe je kg Mischfutter: 18 000 i.E. Vitamin A, 5 000 i.E. Vitamin D_3, 150 mg Vitamin E, 25 mg Kupfer als Kupfer-(II)-sulfat, Pentahydrat
Enthält Fischmehl – nicht zur Verfütterung an Wiederkäuer
Dieses Ergänzungsfutter darf nur bis 50 v. H. der Gesamtration verfüttert werden
Herstellung 2 Monate vor Mindeshaltbarkeitsdatum
Bezugsnr. = Lieferscheinnr.
alpha DE NI 400059
Mindeshaltbarkeit bis <DATUM + 60>

Tab. 13b. GS Ö-Puten Mittelmast gepr. 3 mm

Alleinfutter für Masttruthühner, -hähnchen

Zusammensetzung: Ökoweizen, Öko-Sojabohnen, Öko-Mais, U-Weizen, Öko-Triticale, Maiskleber, Öko-Erbsen, Kartoffeleiweiß, U-Lupinen, Calciumcarbonat, Vormischung, Monocalciumphosphat

Gehalte an Inhaltsstoffen in %:
19,80 Rohprotein, 0,37 Methionin, 5,50 Rohfett, 3,90 Rohfaser, 6,00 Rohasche, 0,85 Calcium, 0,60 Phosphor, 0,15 Natrium, 12,4 MJ ME/kg

Zusatzstoffe je kg Mischfutter:
13 500 i.E. Vitamin A, 4 000 i.E. Vitamin D_3, 100 mg Vitamin E, 25 mg Kupfer als Kupfer-(II)-sulfat, Pentahydrat

Herstellung 2 Monate vor Mindeshaltbarkeitsdatum

alpha DE NI 400059

Bezugsnr. = Lieferscheinnr.

Mindeshaltbarkeit bis <DATUM + 60>

Tab. 13c. GS Ö-Puten Endmast gepr.

Alleinfutter II für Masttruthühner ab 13. L-Woche

Zusammensetzung: Ökoweizen, U-Weizen, Öko-Tritcale, Öko-Mais, Öko-Sojabohnen, Maiskleber, Öko-Erbsen, Öko-Roggen, Kartoffeleiweiß, Calciumcarbonat, Vormischung, Monocalciumphosphat

Gehalte an Inhaltsstoffen in %:
17,00 Rohprotein, 0,30 Methionin, 3,30 Rohfett, 3,50 Rohfaser, 5,20 Rohasche, 0,75 Calcium, 0,55 Phosphor, 0,14 Natrium, 12,4 MJ ME/kg

Zusatzstoffe je kg Mischfutter:
13 500 i.E. Vitamin A, 4 000 i.E. Vitamin D_3, 100 mg Vitamin E, 25 mg Kupfer als Kupfer-(II)-sulfat, Pentahydrat

Herstellung 2 Monate vor Mindeshaltbarkeitsdatum

alpha DE NI 400059

Bezugsnr. = Lieferscheinnr.

Mindeshaltbarkeit bis <DATUM + 60>

13.4 Tiergesundheit

In der alternativen Tierhaltung werden die Tiere in geringeren Besatzdichten gehalten. Daraus resultiert nuturgemäß auch ein stabilerer Gesundheitsstatus (gutes Management vorausgesetzt). Etwas problematisch hingegen ist die Aufzucht hinsichtlich der Versorgung mit den notwendigen Aminosäuren und Spurenelementen. Da dem Futter im Gegensatz zur konventionellen Aufzucht naturidentische Aminosäuren zur bedarfsgerechten Versorgung nicht zugesetzt werden dürfen, ist eine zusätzliche Versorgung über das Trinkwasser in besonderen Fällen angezeigt.

Auf Grund möglicher Übertragungen von Krankheitskeimen aus der Umwelt oder von Wild- und Zugvögeln, ist auch hier eine Behandlung grundsätzlich erlaubt. Nach durchgeführter Behandlung ist aber bis zur Vermarktung die doppelte Wartezeit einzuhalten.

13.5 Vermarktung

Die Vermarktung von ökologisch erzeugtem Putenfleisch gestaltet sich im Vergleich zur konventionellen Produktion recht aufwendig und bisweilen schwierig. In vielen Fällen werden Kleinmengen geordert, die mit hohem logistischem Aufwand verteilt werden müssen. Dadurch kommt einer innovativen und einer zielgruppenorientierten Produktentwicklung eine entscheidende Rolle zu. Der Verbraucher muss nicht nur auf das Produkt, sondern auf das ganze Umfeld und den Erzeugerbetrieb aufmerksam gemacht werden, um Vertrauen zu finden in dieses recht hochpreisig orientierte Sortiment. Wie eingangs erwähnt, sind hier Zusammenschlüsse von Produzenten und der Anschluss an einen entsprechenden Ökoverband mit Markenzeichen fast unumgänglich.

13.6 Resümee

Wir können nach zehnjähriger Praxiserfahrung mit dieser alternativen Haltungsform durchaus ein positives Resümee ziehen. Dort, wo ein passendes Gebäude (z. B. ein Altgebäude) und Lust und Liebe zum Tier vorhanden sind, lässt sich diese Nischenproduktion durchaus erfolgreich aufbauen.

14 Schlussbetrachtung

Das Putenfleisch ist eine sehr eiweißreiche und kalorienarme Fleischart. Es hat einige Jahre gedauert, bis es trotz des hohen Marktpreises vom Verbraucher angenommen wurde. Heute ist es die einzige Fleischart, bei der der Pro-Kopf-Verbrauch Jahr für Jahr stetig ansteigt – in Anbetracht des im Rückgang begriffenen Fleischkonsums eine bemerkenswerte Tatsache. Die Putenwirtschaft hat es verstanden, sich mit moderner Verarbeitungstechnik an den Marktwünschen zu orientieren, beispielsweise haushaltsgerecht portionierte Fertiggerichte und äußerst pikante, fettarme Wurstspezialitäten anzubieten. Der Verbraucher kann sich außerdem mit der artgerechten Haltung auf Einstreu in Offenställen identifizieren. Der Produzent unterwirft sich vielfältigen amtstierärztlichen Kontrollen bei der Lebendbeschau und Schlachtung der Puten. Produkthygiene spielt eine entscheidende Rolle. Eine zusätzliche freiwillige Putenvereinbarung, der fast alle Mäster angeschlossen sind, regelt weitere tierschutzrechtliche Verbesserungen in der Haltung.

All dies sind Kriterien, die der Putenmast einige Marktchancen öffnen, auch für die Zukunft. Werden neue Erkenntnisse in der Stall- und Fütterungstechnik vom Mäster beachtet und in die Tat umgesetzt, wird er auch im Hinblick auf den europäischen Binnenmarkt konkurrenzfähig bleiben.

Wir wünschen allen Mästern viel Erfolg in der Putenmast.

Bildquellen

Titelbild: Regina Kuhn, Herleshausen
Artur Piestricow, Stuttgart: Abb. 10, 11
Alle anderen Abbildungen stammen, wenn nicht anderes vermerkt, von den Autoren.

Register

Adenovirusinfektion 50
Aerosol 41
Agargeldiffusion 43
Aggressivität 19
all in; all out 11
Ampicillin 52
Anfütterungspiquet 35
Antigendrift 46
Antigenshift 46
Anzeigepflicht 46
Anzeigepflichtige Tierseuchen 76
Aortenruptur 72
Aspergillose 64
Aspergillus umigatus 64
Aszites 73
Atomisten 42
Aufzuchtsstall 14
Außenklimastall 26
Aviapen 71
Aviäre Enzephalomyelitis 49
Aviäre Influenza 46

Babypute 11
Bakterieninfektion 51
Bandwürmer 69
Baycox 68
Baytril 52
Beinschwäche 57
Belüftung 31
Beobachtungsgebiet 77
Besatzdichte 20
Biofilm 40
Blackhead 68
Blaukammkrankheit 50
Bluthochdruck 72
Blutige Darmentzündung 50
Botulismus 53
Brustfleisch 85
Brustfleischanteil 32,85,86
Bruteier 12
Bundes-Immissions-Schutzgesetz 77

Campylobacter coli 59
Campylobacter jejnui 59
Campylobakter-Infektion 59
Chemotherapeutika 44
Chlamydia psittaci 53
Chlamydieninfektion 53
Chronic Respiratoric Disease 56
Citarin 70
Cloacal-drinking 68
Clostridium perfringens 52
CO_2-Konzentration 25

Coccidiostatikum 35
Coli-Infektion 54
Colistin 54
Competetive Exclusion 59
Coronavirus-Enteritis 50

Darmassoziiertes Immunsystem 71
Darmflora 71
Darmstörung 71
Darmsymbionten 71
Dauerchlorierung 61
Desinfektion 16
Desinfektionslösung 38
Desinfektionsmittel 38
Desinfektionswanne 39
Diagnostik 42
Dindural-SPF 50
Dosierpumpe 44
Dottersackentzündung 54
Drahtring 18
Dysbiose 71

Eiergelenke 57
Eimeria adenoeides 67
Eimeria meleagrimitis 67
Einstreumaschine 22,86,95
Einstreumaterial 22
Ektoparasiten 69
Endoparasiten 69
Enrofloxacin 54
Enterococcus faecalis 62
Enzymelinked-Immunosorbent-Assay 43
Erregeranzüchtung 43
Erregerreservoir 47
Erysipelothrix-rhusiopathiae 61
Erzeugergemeinschaft 11
Escherichia Coli 54
Eulenkopf 57

Fadenwürmer 69
Federlinge 70
Federmilbe 70
Federpicken 20
Femurfraktur 74
Flagellaten 68
Flöhe 70
Flubenol 70
Fußbodenheizung 25
Futter 34
Futterbehandlung 44
Futtermilbe 70
Fütterung 34,90

Futterverwertung 37,96
Futterzusatzstoffe 67

Gallibacterium anatis 56
Gallibacterium genomospecies 56
Gallibacterium 56
Geflügelcholera 55
Geflügelpestverordnung 77
Geflügelpestverordnung 47

Haarwürmer 69
Haltungsbedingung 26
Hämagglutionationshemmung 43
Hämorrhagische Enteritis 50
Histomonas meleagridis 68
Histomoniasis 68
Hobelspäne 21
Hobelspäne 64
Holzteer 73
Hygienemaßnahmen 38

Immunabwehr 41
Immunprophylaxe 41
Impfpflicht 48
Impfpflicht 77
Impfprogramm 42
Impfreaktion 42
Inaktivatimpfstoff 42
Infektionsschutzgesetz 60
Infektiöse Hepatitis 59
Influenza A-Viren 46
Integrationsmast 12
Intoxikation 74

Kadaverbehälter 40
Käfer 70
Kalkbeinmilbe 70
Kältefehler 38
Kalziummangel 71
Kannibalismus 20,21
Kannibalismus 73
Klassische Geflügelpest 46
Klimabedingung 23,30
Knochenknorpelentzündung 74
Knochenwachstumszone 57
Knochenweiche 71
Kokzidiose 66
Kolonisationsresistenz 71
Konjungtivitis 54
Kostenanalyse 86
Kugelherz 73
Kükenring 14ff,18,22f,35,96
Kurzmastpute 11

Lebendbeschau 78
Lebendimpfstoff 41
Lebensmittelhygienepaket 78
Lebensmittelhygienerecht 78

Leistungsförderer 53
Linkospektin 62
Luftröhrenwurm (Syngamus) 69
Luftsackmilbe 70
Lymphoproliferative Krankheit 51

Magen-Darm-Würmer 69
Magenwürmer 69
Magnesiumgabe 21
Mastart 11
Medikamentenablagerung 45
Meldepflichtige Tierkrankheiten 76
Monensin-Na 75
Mycoplasma gallisepticum 56
Mycoplasma iowae 56
Mycoplasma meleagridis 56
Mycoplasma synoviae 56
Mykoplasmose 56
Mykotoxikose 64
Mykotoxikose 65

Nabelentzündung 61
Narasin 74
Nassreinigung 38
Naturland-Verband 89
Nekrotisierende Enteritis 52
Neopredisan 67
Nestflüchter 13
Newcastle-Krankheit 47
Nippeltränke 18

Oberschenkelbruch 74
Offenstall 19,24,93
Ökologisches Futter 90
Ökoprodukt 88
Ökopute 88
Oozysten 67
Ornithobacterium-rhinotracheale-
  Infektion 52
Ornithose 53

Panik 27
Pasteurella hämolytica 56
Pasteurella multocida 43, 55
Pasteurellose 55
Pathogenitätsindex 46
Penizillin 53
Perosis 73
Pfriemenschwänze (Heterakis galli-
  narum) 68
Pfriemenschwänze 69
Picken 73
Pilzinfektion 64
Plastikplättchen 19,21
Pneumovirus 48
Pododermatitis 21
Prebiotika 71
Probiotika 71

Pro-Kopf-Verbrauch
Prophylaxemaßnahme 32
Protozoeninfektion 65
Pseudomonaden-Infektion 60
Pseudomonas aeruginosa 60
Putenvereinbarung, freiwillig 31, 93

Rachitis-Erkrankung 72
Rahmenverträge 11
Reinigung und Desinfektion 38
Resistenz 43
Resistenztest 42
Reticuloendotheliose 51
Retrovirusinfektion 51
Rhinotracheitis 48
Riemerella anatipertifer-Infektion 63
Rotlauf-Infektion 61
Rundwürmer 69

S. Arizona 58
S. Enteritidis 59
S. Gallinarum/Pullorum 58
S. Infantis 59
S. Newport 59
S. Senftenberg 59
S. Typhimurium 59
S. Hadar 59
S. Parathyphi B. 59
S. Virchow 59
Salinomycin-Na 74
Salmonellose 58
Sammelkotprobe 70
Schieren 94
Schimmelpilz 64
Schlachtkörperqualität 44
Schlachtung 82
Schleimhautimmunsystem 71
Schnabelatmung 47
Schwarzkopferkrankung 68
Schwenklüfter 31
Serumneutralisation 43
Serum-Schnell-Agglutination 43
Seuchenbekämpfung 48
Sinusitis (Eulenkopf) 47
soft litter 21
Solubenol 70
Sperrbezirk 77
Spontane Myopathie 73
Sprayimpfung 41
Spreizer 73
Sprühnebel 41
Sprunggelenksdeformation 73
Spulwürmer (Ascariden) 69
Stallbegasung 38
Stallspezifische Vakzine 52
Stallvorbereitung 15
Standlüfter 31
Stapelwirt 68

Staphylokokken-Infektion 61
Staphylokokkus aureus 61
Streptokokken-Infektion 62
Strohfressen 22, 53
Subtypen H5 und H7 46
Sulfacloxin 68
Sulfaquinoxalin-Na 68
Sulfonamiden 75
System-Mykose 64

Temperatur 24
Tetrazyklin 52
Therapie 44
Tiamulin 75
Tierkörperbeseitigung 77
Tierkörperbeseitigungsanstalt 77
Tierkörperuntersuchung 78
Tierschutzgesetz 78
Tierseuchengesetz 76
Tierseuchenkasse 76
Todimpfstoff 41
Totrazuril 68
Trinkwasserbehandlung 44
Trinkwasserimpfung 41
Trinkwasserleitungssystem 40
Tröpfchengröße 42
TRT-Lebendimpfstoff 49
Tylan 71
Tylosin 53
Typhlohepatitis 68

Uratnephrose 51

Verladebühne 80
Vibrionenhepatitis 59
Viehsalzabgabe 21
Virusinfektion 46
Vitamin A 19
Vitamin D 72
Vogelmilbe 70
Vorlaufbehälter 41
Vorlaufbehälter 44

Warmaufzucht 24
Wassergeflügel 63
Wasserstoffperoxid 16
Wintergarten 27, 28

X- oder O-Beinigkeit 58

Zecken 70
Zinkoxydspray 73
Zitterkrankheit 49
Zoonoseerreger 58
Züchtung 32
Zugvögel 46
Zusatzlüfter 31

ALLE MAL HERHÖREN!

Preiswerte Isolierpaneele liegen voll im Trend. Kaum ein anderer Baustoff läßt **rationelleres Bauen** zu. Ihre Zusatzvorteile bei unserer Ware in II-A-Qualität: **Große Auswahl** am Lager, **sofortige Lieferung** – auch **mit Zuschnitt** – möglich. Wir liefern auch sämtliches Zubehör. Nutzen Sie diese Vorteile für Ihre Bauvorhaben: Hallen, Fassaden, Stallgebäude, Einhausungen, Innenwände, Fußbodenisolierungen, usw. Informieren Sie sich bei Tava.

Insbesondere beim Bau von Geflügelställen lassen sich durch Verwendung von II-A-Isolierpaneelen hohe Einsparungen erzielen. Der besondere Vorteil der Sandwichpaneele liegt in der Kombination von optimalen Dämmwerten, robusten Werkstoffen und leichter Montage – ideal auch bei Eigenleistung. Unsere Isolierpaneele sind für alle Stalltypen geeignet.

Die Paneele sind besonders geeignet für:
- **Innen- und Außenwände**
- **Dacheindeckung incl. Isolierung**
- **verstellbare Zuluftklappen**
- **Türen und Tore**
- **Abtrennungen im Stall**

Sonderposten für Fußbodenisolierung am Lager!

Sprechen Sie uns an. Wir beraten Sie gern und unterbreiten Ihnen ein persönliches Angebot.

Isolieren ohne Federn zu lassen!

Kämillenweg 1 • 49424 Goldenstedt-Varenesch • Tel. 0 44 44 / 96 09 00 • Fax 96 09 08 • Internet: www.tava.de • E-mail: info@tava.de

Kokzidiose Management für Truthühner mit Elancoban®

Flexible Dosierung seit Juli 2004 !

60 – 100 mg/kg Alleinfutter
Höchstalter: 16 Wochen
Wartezeit: 3 Tage

Dosierungsempfehlung:
P1 / P2 **70 mg/kg Futter**
P3 - P5 **(bis 16. Woche) 60 mg/kg Futter**

Elancoban® zur Verhütung der Kokzidiose und zur Förderung der Darmstabilität. Für Leistungsmaximierung.

Fragen Sie Ihren Futterlieferanten nach Elancoban®.

Elancoban®G
Monensin-Natrium

Elanco Animal Health, Abt. der Lilly Deutschland GmbH, Saalburgstr. 151-153, 61350 Bad Homburg, Tel. 0180/235 26 26, Fax 06172/273-2963

FUTTERSYSTEME   **LÜFTUNG**

Chore-Time Europe B.V.
Postfach 28, 5720 AA Asten, die Niederlande
Tel. +31-(0)493-671500 Fax +31-(0)493-671509
info@chore-time.eu www.chore-time.eu

SILOS   **TRINKSYSTEME**

Putenfutter

Alles aus einer Hand:

Gesundes Futter für gesunde Nahrung

🖸 Putenmastkorn
Leistungsstarke Alleinfutter in optimaler Struktur für die wirtschaftliche Aufzucht und Mast.

🖸 Putenmastergänzer
Zur optimalen Nutzung von betriebseigenem Getreide.

🖸 Hochenergiefutter
Für die effektive Mast weiblicher Tiere.

🖸 Problemlösungsmischungen
Spezialmischungen gegen unspezifische Durchfälle oder Beinschwächesyndrom; passende Begleitfütterung zur tierärztlichen Therapie.

🖸 Zusatzprodukte
- **Desintec® WH-R-Aktiv:**
Zur effektiven Reinigung von Tränkesystemen.
- **Desintec® WH-L-Cid:**
Flüssige Säuremischung zur Darmstabilisierung über das Tränkewasser.

Zu erhalten bei allen
BayWa-und Raiffeisen Bezugsstellen.
Für Rückfragen: RKW SÜD GmbH
0931 902 418; info@rkwsued.de

Bücher, Zeitschriften
und CD-ROMs finden
Sie in unserem
**Ulmer Webshop -
www.shop.ulmer.de**

Bestell-Hotline
(07 11) 78 99-20 12
Bestell-Fax
(07 11) 45 07-120
E-Mail:
bestellen@ulmer.de

Kartzfehn Qualität.

Mit Garantie!

Kartzfehn genießt Ihr Vertrauen.
Durch eigene Elterntierhaltung, Brütereien sowie eigenes Futter und eigene Veterinäre können wir kompromisslose Qualität auf allen Produktionsebenen garantieren – zertifiziert nach dem DIN EN ISO 9001 Qualitätsmanagementsystem. Ein Siegel für Sicherheit, das Ihr Geschäft „beflügelt".

Qualität garantiert.

Moorgut Kartzfehn von Kameke OHG
26217 Bösel (Oldb) · www.kartzfehn.de
Tel. 0 44 94 / 8 81 88 · Fax 0 44 94 / 8 81 89

Mit uns zur Spitze!

Für Ihren Aufstieg!
Wir brüten, was Sie brauchen –
mit der Zuverlässigkeit,
die Sie sich wünschen!

BUT, Hybrid, Nicholas, Kelly, aus Bruteiern
der weltbesten Eierproduzenten.

Putenzucht Miko Gesellschaft m.b.H. & Co. KG
Haslau 8 / Frankenburg · A-4871 Zipf · Austria
Tel. 0043-(0)7683/7225 · Fax: 0043-(0)7683/7225-25
e-mail: putenzucht@miko.at · http://www.miko.at